全球陆地碳汇分析系统研发与应用

QUANQIU LUDI TANHUI FENXI XITONG YANFA YU YINGYONG

周　平 ▣ 主　编
刘智勇　李吉跃　甘先华 ▣ 副主编

中国林业出版社

图书在版编目（CIP）数据

全球陆地碳汇分析系统研发与应用 / 周平 主编. --
北京：中国林业出版社, 2011.8
ISBN 978-7-5038-5505-4

Ⅰ. ①全… Ⅱ. ①周… Ⅲ. ①二氧化碳－排气－研究
Ⅳ. ①X511

中国版本图书馆CIP数据核字(2011)第161852号

全球陆地
碳汇分析系统研发与应用

出　版　中国林业出版社（100009
北京西城区德内大街刘海胡同 7 号）
网　址　lycb.forestry.gov.cn
电　话　（010）83224477
发　行　中国林业出版社
印　刷　中科印刷有限公司
版　次　2011 年 9 月第 1 版
印　次　2011 年 9 月第 1 次
开　本　787×1092　1/16
印　张　6.75
字　数　152 千字
定　价　60.00 元

> 《全球陆地碳汇分析系统研发与应用》编委会

主　编　周　平

副主编　刘智勇　李吉跃　甘先华

编　委（按姓氏拼音排序）

郭乐东　李召青　王明怀　温小莹　魏　龙

许秀玉　殷祚云　张卫强　钟锡均　周　毅

目　录

1 研究开发背景

1.1 开发技术背景

ArcGIS Server 是功能强大的基于服务器的 GIS 产品，用于构建集中管理的、支持多用户的、具备高级 GIS 功能的企业级 GIS 应用与服务，如：空间数据管理、二维三维地图可视化、数据编辑、空间分析等即拿即用的应用和类型丰富的服务。ArcGIS Server 是用户创建工作组、部门和企业级 GIS 应用的平台，通过 ArcGIS Server 创建集中管理的、支持多用户的、提供丰富的GIS功能、并且满足工业标准的GIS应用。ArcGIS Server 提供广泛的基于 Web 的 GIS 服务，以支持在分布式环境下实现地理数据管理、制图、地理处理、空间分析、编辑和其他的 GIS 功能。

Silverlight 是微软所发展的 Web 前端应用程序开发解决方案，是微软丰富型互联网应用程序（Rich Internet Application）策略的主要应用程序开发平台之一，以浏览器的外挂组件方式，提供 Web 应用程序中多媒体（含影音流与音效流）与高度交互性前端应用程序的解决方案，同时它也是微软用户经验（UX）策略中的一环，也是微软试图将美术设计和程序开发人员的工作明确切分与协同合作发展应用程序的尝试之一。

ArcGIS Server WPF/Silverlight API 是 ESRI 公司推出的一套基于微软最新 WPF/Silverlight 技术的应用程序开发接口，它充分综合了 ArcGIS Server 强大的地图发布能力和微软 WPF 技术带来的绝佳的用户体验，从而把地图数据浏览和应用的用户体验带到了一个新的高度，同时，它提供的大量的控件和丰富的对象模型加快了开发人员应用程序构建的效率。

1.2 碳汇模型概述

利用模型来对 NPP 进行估算是研究 NPP 的一种总要方法，主要研究 NPP 的相关模型有：

1.2.1 气候生产力模型

该模型对气候因子（如温度、降水、蒸散量等）与植物干物质生产建立相关新，就可以估算出植物的NPP。该类模型较多其中以Miami模型、Thornthwaite纪念模型、Chikugo模型为代表。其中，Miami 模型的计算为：

$$NPP = \min(NPPT，NPPP)$$

$$NPPT = 3000[1+\exp(1.315-0.119\times T) - 1]$$

$$NPPP = 3000[1 - \exp(-0.000664\times P)]$$

式中：T、P 分别为年平均温度 (℃) 和年平均降水量 (mm)。

1.2.2 生理生态过程模型

基于植物生长发育和个体水平动态的生理生态学模型和基于生态系统内部功能过程的仿真模型，所需的参数包括地表湿度、降水、地表径流、土壤含水量、壤中流、大气含水量、土壤类型等相关因子。这类模型有 CENTURY、CARAIB、KGM 等。该模型对评价植物初级生产力、模拟作物生长、研究陆面过程和气候的相互作用和预测生态环境变化等方面，起到积极促进作用。

1.2.3 光能利用率模型

该模型基于资源平衡的观点，即假定生态过程趋于调整植物特性以响应环境条件，认为植物生长时资源可利用性的组合体，物种通过生态过程的排序和生理生化、形态过程的植物驯化，就趋向于所有资源对植物生长有平等的限制作用。该模型与光合有效辐射（PAR）及植物生长条件等因子相关，该模型可获得确切的 NPP 季节、年际动态。该类模型主要有 CASA、GLO-PEM 等。

此外，人类对碳汇会有不同程度的消耗，人类留用的净初级生产（human appropriation of net primary productivity，简称 HANPP）是指通过估算人类消耗的食物和纤维制品中碳的总量，得出各国居民对全球碳汇消耗的贡献值，这些估算的指标包括蔬菜、肉类、牛奶、鸡蛋、木头、纸张和纤维制品。

1.3 系统概况

1.3.1 系统的实现目标

采用 ArcGIS Server 9.3.1（ArcGIS API for Microsoft Silverlight ™ /WPF ™）及 Visual Studio 2008 sp1 作为开发工具及开发平台，开发出可视化、操作便利的基于 B/S 构架的全球碳汇分析软件。该系统可以直观显示全球碳汇查询分析结果、为科研工作者和政府决策者提供了一个友好交互式的研究工具和决策辅助工具。

1.3.2 系统的开发环境

系统的开发环境表

项目	开发环境
体系结构	采用富客户端技术（RIA）
开发平台	Visual Studio 2008 sp1
开发工具	ArcGIS Server (Silverlight) 9.3.1/ (for .NET)
开发语言	C#，xml，Silverlight
运行环境	Windows XP(32bit)，Windows 2000，Windows 2003
数据库	File Geodatabase
其他（可扩充）	IE6.0以上浏览器

1.3.3 客户端运行硬件环境

客户端可以为各种 PC 机、服务器，要求：

（1）CPU 主频：2.0GHz。

（2）硬盘：80GB 以上。

（3）内存 : 1GB 以上。

（4）浏览器：Firefox 1.5 以上，或 Internet Explorer 6.0 以上，或 Netscape Communicator 8.1 browser。

1.3.4 系统用户特点

本系统用户分为一般使用人员、管理人员及系统维护人员。

（1）对于使用人员，需要其具有碳汇及地理信息系统方面的知识，了解基本的 Windows 平台下软件使用的常识。

（2）对于管理人员，除了具有使用人员的知识外，需要有对软件故障做出分析的能力。

（3）维护人员则包括软件开发人员及研发单位网络管理人员。

2 系统体系结构

2.1 系统体系设计

采用基于 B/S 的 WebGIS 的三层体系，将体系分为数据存储层、服务逻辑层、用户表示层三个层次。其中数据存储层：包括本系统所需所有基础数据，本系统采用 File Geodatabase 数据模型；服务逻辑层：用于对用户请求的数据进行分析、处理，并返回分析结果。主要包括：Web 服务器负责与用户的直接交互，并承载运行在 GIS Server 资源之上的 Web 应用程序和 Web 服务，其中包括 Web Service 终点、句柄接口和 Web 应用开发框架，处理 Web 客户端与服务端的信息传递。GIS Server 层主要提供各种技术服务，包括数据访问服务，系统资源释放服务，各种相关功能的实现、制图以及需要与地图交互的各种工具。服务层主要为客户层提供各种技术及功能支持。Web Server 层包含 Web 应用的部署，以及 Web 服务，它们均使用 GIS Server 上的服务资源。ArcGIS Server 服务管理器 (SOM) 管理服务组件的部署和处理向服务器对象容器（SOC）的分发请求，根据当前的服务请求控制服务器的负载均衡和管理服务发布。

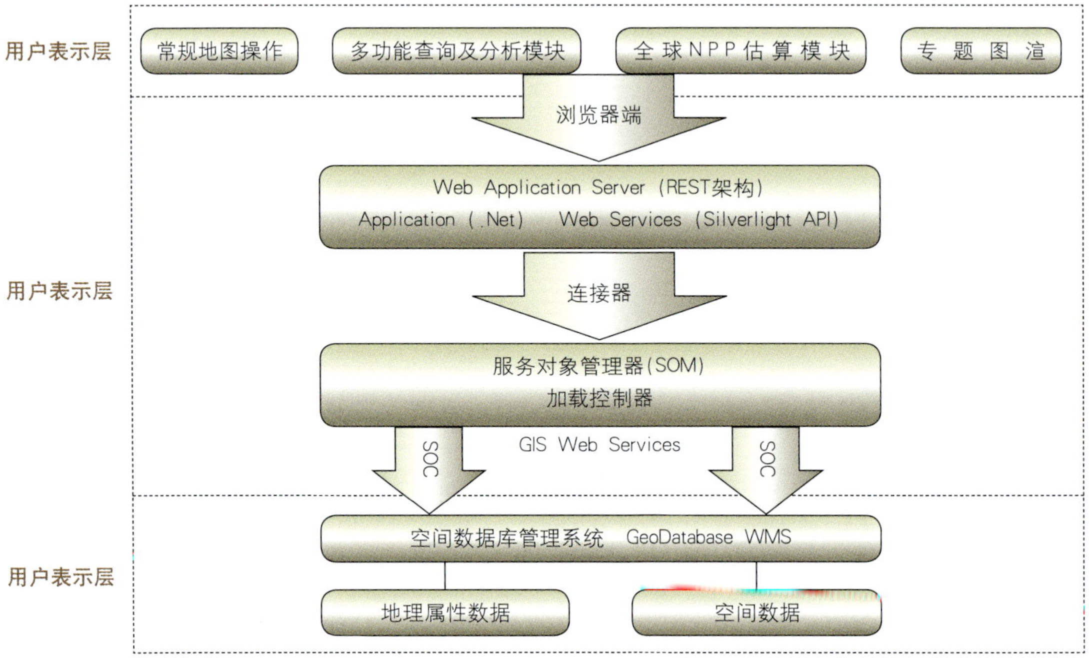

系统三层构架体系图

空间服务器作为服务容器的主机托管服务对象容器 (SOC)，并由 SOM 管理，每一个 GIS 服务都由相应的一个或多个 SOC 负责处理。用户表示层（基于 Silverlight）：负责用户通过浏览器与服务器进行数据交换，系统将用户需求信息或请求处理结果返回给用户。

通过各种层的分离和组织，使系统的结构清晰，便于理解。一个层的改变并不会影响其他层的功能，这样使得系统更加容易维护、扩展，也更加稳定。

2.2 主要技术指标及功能模块

本系统收集和整理全球碳源、碳汇、气候信息、地形、大气二氧化碳浓度、国家边界、国家人口信息等方面的数据资源，同时也收集各国国民在食物、造纸、木材和纤维等方面对 NPP 的消耗量方面的数据，针对这些数据源，结合 GIS 的技术方法，采用 ArcGIS Server（Silverlight）来实现以下方面的系统功能（以下为各功能总体概述）。

（1）地图的常规显示功能（平移、缩放、测距、放大镜、鹰眼、全屏、图层控制、书签）。

（2）查询检索功能。

（3）手动绘图（点、线、面、编辑）。

（4）高级查询与计算工具查询。

（5）指定图层指定区域选取查询。

（6）指定图层 identify 分析功能。

（7）全球 1980 ~ 2099 年 NPP 估算。

（8）各国消耗 NPP 贡献专题渲染 、各国基础数据渲染。

（9）Maptips 显示功能。

（10）常用 GeoRSS/WMS(如最新全球地震信息，WMS 网络资源服务功能)。

2.3 系统功能架构图

全球碳汇分析系统功能架构图

2.4 数据的连接

将本系统数据及图层（具体见工作报告中数据库设计）在ArcGIS中保存为NPPsystem.mxd文件，在ArcCatalog中将该mxd发布为Map Service，并以url地址的方式实现基础数据与该碳汇分析系统的连接。

3 系统主要实现技术

3.1 总体界面

3.1.1 界面布局介绍

系统主界面采用蓝色和绿色相搭配的主色调。主要由中间的图层显示，区左上角的 Logo，右上角的工具箱和常规按钮，左侧的功能模块控制区和右侧的图层控制和图例区，左下角的比例尺和右下角的坐标显示区和导航控件。整个界面整洁美观，许多控件和按钮都设有显示和关闭状态，以保证最大化地利用屏幕显示空间和浏览图层显示区。

3.1.2 主要实现步骤

（1）在 Microsoft Expression Design 3 中进行系统框架的整体设计，采用 <Grid> 标签布局，分别定义 Top bar 层和 Main 层。

（2）其中 Top bar 用于放置 logo，工具箱和常规按钮，Main 层为地图显示区、图层操作区、比例尺、坐标显示、导航及模块操作区。

（3）分别使用 <Grid> 、<StackPanel> 及 <Canvas> 标签完成以上窗体及模块的设计，使用 <esri:ArcGISDynamicMapServiceLayer> 标签添加本系统所需地图图层。

3.1.3 界面效果图

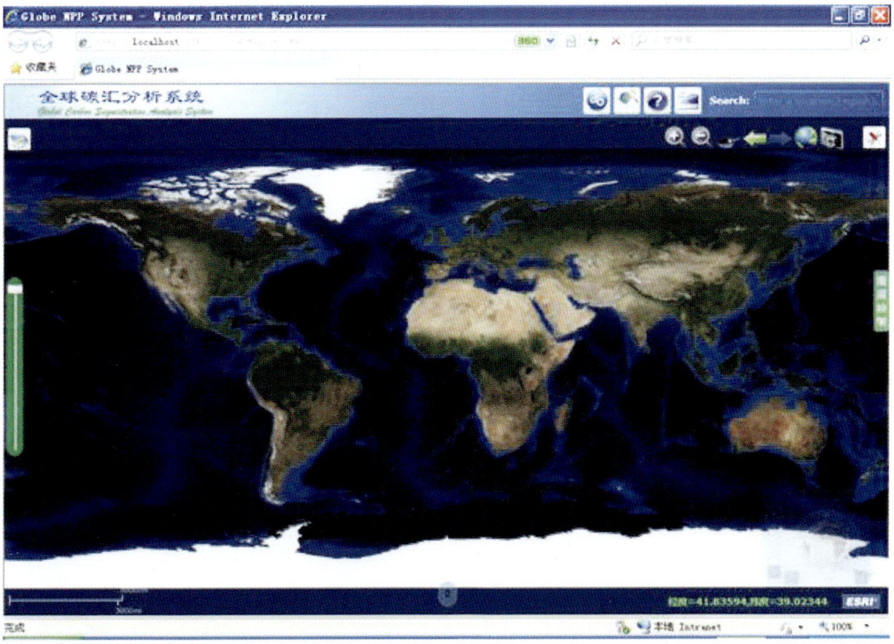

3.2 地图常规功能

3.2.1 地图常规功能内容

实现地图的常规显示功能，如放大、缩小、漫游、前后返回操作、显示全图、全屏显示及该模块的控制显示与关闭按钮，以及添加滑杆不同角度显示地图。

3.2.2 主要实现步骤

（1）在 Visual Studio 2008 开发工具中（以下部分的开发都在该工具中进行），在主页面文件中 (Page.xmal) 中设计常规工具的框体和图标，采用 <StackPanel> 标签布局。

（2）添加 <esriToolkit:Toolbar> 标签实现对常规功能元素的添加，在其中分别加入 <Image> 控件添加相应的图标，添加 <Grid.Projection > 标签实现滑杆不同角度显示地图。

（3）在后台文件中 (Page.xmal.cs) 中编写代码实现对该工具条的功能的操作。

3.2.3 实现效果图

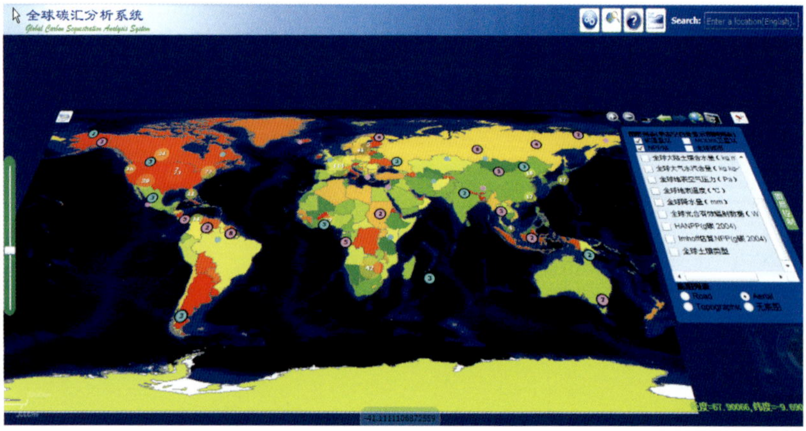

3.2.4 主要代码

```
#region 常规工具
        private void MyToolbar_ToolbarItemClicked_NPP(object sender, ESRI.ArcGIS.Client.
Toolkit.SelectedToolbarItemArgs e)
        {
            MyDrawObject.IsEnabled = false;
            _toolMode = "";
            switch (e.Index)
            {
                case 0: // 放大操作
                    MyDrawObject.IsEnabled = true;
                    _toolMode = "zoomin";
                    break;
                case 1: // 缩小操作
                    MyDrawObject.IsEnabled = true;
                    _toolMode = "zoomout";
```

```
        break;
    case 2: // 平移
        break;
    case 3: // 上一个操作
        if (_currentExtentIndex != 0)
        {
            _currentExtentIndex--;
            if (_currentExtentIndex == 0)
            {
                _previousExtentImage.Opacity = 0.3;
                _previousExtentImage.IsHitTestVisible = false;
            }
            _newExtent = false;
            Map.IsHitTestVisible = false;
            Map.ZoomTo(_extentHistory[_currentExtentIndex]);
            if (_nextExtentImage.IsHitTestVisible == false)
            {
                _nextExtentImage.Opacity = 1;
                _nextExtentImage.IsHitTestVisible = true;
            }
        }
        break;
    case 4: // 下一个操作
        if (_currentExtentIndex < _extentHistory.Count - 1)
        {
            _currentExtentIndex++;
            if (_currentExtentIndex == (_extentHistory.Count - 1))
            {
                _nextExtentImage.Opacity = 0.3;
                _nextExtentImage.IsHitTestVisible = false;
            }
            _newExtent = false;
            Map.IsHitTestVisible = false;
            Map.ZoomTo(_extentHistory[_currentExtentIndex]);
            if (_previousExtentImage.IsHitTestVisible == false)
            {
                _previousExtentImage.Opacity = 1;
                _previousExtentImage.IsHitTestVisible = true;
            }
```

```
                }
                break;
            case 5: // 全图显示
                Map.ZoomTo(Map.Layers.GetFullExtent());
                break;
            case 6: // 全屏显示
                Application.Current.Host.Content.IsFullScreen = !Application.Current.Host.Content.
IsFullScreen;
                break;
        }
    }

    #endregion
```

3.3 地图基本要素

3.3.1 地图基本要素内容

比例尺：以千米和海里为单位的比例尺；

经纬度坐标：动态显示鼠标所在点的坐标；

导航工具：实现放大、缩小、显示全图、滑动杆等操作。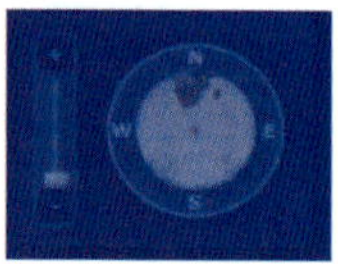

3.3.2 主要实现步骤

（1）在 Page.xmal 中添加 <local:ScaleBar> 控件实现比例尺控件显示，添加 <esriToolkit:Navigation> 控件实现导航工具显示，添加 <TextBlock> 实现经纬度显示。

（2）在 Page.xmal.cs 后台为以上控件分别编写实现代码。

3.3.3 主要代码

设计 ScaleBar 比例尺类实现自定义比例尺功能，设计 Silverglobe 类实现导航功能。

```
  // 显示经纬度
    private void MyMap_MouseMove(object sender, System.Windows.Input.MouseEventArgs
args)
    {
        if (Map.Extent != null)
        {
            System.Windows.Point screenPoint = args.GetPosition(Map);
            ESRI.ArcGIS.Client.Geometry.MapPoint mapPoint = Map.ScreenToMap(screenPoint);
            MapCoordsTextBlock.Text = string.Format(" 经度 ={0}, 纬度 ={1}",
```

```
            Math.Round(mapPoint.X, 5), Math.Round(mapPoint.Y, 5));
        }
    }
```

3.4 地图工具箱内容

3.4.1 地图工具箱内容

（1）常规绘图功能：画点、画线、画多边形、徒手画多边形、编辑节点、删除功能。

（2）量测功能：包括测量半径、长度、面积。

（3）鹰眼图、图层控制、书签、放大镜。

（4）手绘查询功能：点绘查询、画线查询、画多边形查询、画矩形查询、回收站、identity 查询。

3.4.2 主要实现步骤

（1）在 Page.xmal 中添加 <local:DraggableWindow> 标签，作为地图工具按钮容器，用 <ToggleButton> 标签分别实现设计地图工具箱中的具体操作按钮。

（2）分别使用 <local:LayerList>、<esriToolkit:OverviewMap>、<esriToolkit:Bookmark>、<esriToolkit:MagnifyingGlass> 实现图层控制、鹰眼图、书签及放大镜的显示。

（3）使用 <Grid> 标签分别实现查询结果显示和 Identity 查询显示。

（4）后台代码在主要 Page.xmal.cs 中实现。

3.4.3 运行效果图

(1) 查询结果显示（红色的点为多边形选择的查询点）。

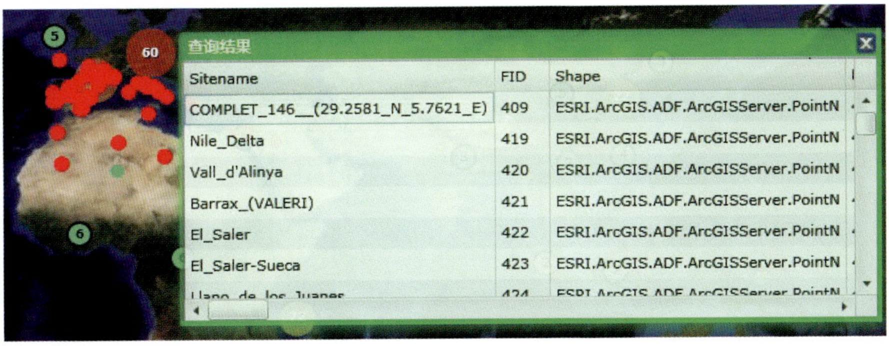

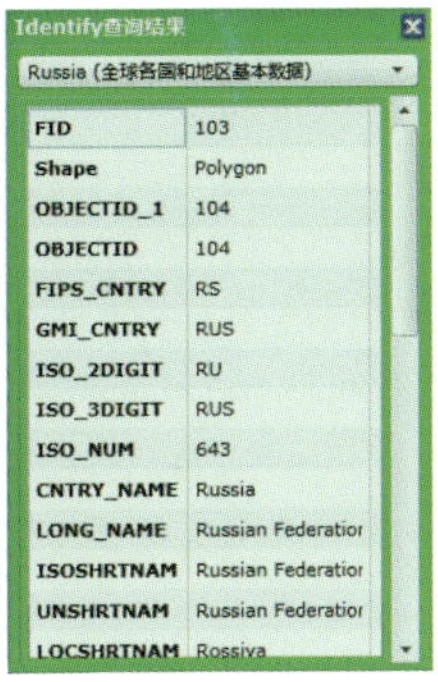

（2）identity 查询结果。

3.4.4 主要代码

```
        private void UserControl_Loaded(object sender, RoutedEventArgs e)
        {
            geoMeasure = new GeodeticDistance() { Map = Map }; // 半径工具
            measure = new Measure() { Map = Map, LineSymbol = shadowLine,
FillSymbol = shadowFill }; // 测量工具
            draw = new Draw(Map) // 绘图操作
```

```
                        {
                                FillSymbol = shadowFill,
                                LineSymbol = shadowLine
                        };
                        draw.DrawComplete += new EventHandler<DrawEventArgs>(draw_
DrawComplete);
                        editor = new Editor(Map, Map.Layers["Annotations"] as GraphicsLayer);
// 编辑 tool
                        ESRI.ArcGIS.Samples.GeoRss.GeoRssLoader loader = new ESRI.ArcGIS.
Samples.GeoRss.GeoRssLoader();
                        loader.LoadRss((layerFeeds1.Layer as GeoRssLayer).Source, null);
                        this.Map.Layers.CollectionChanged += Layers_CollectionChanged;
            // 加载全球各国碳汇数据
                        ESRI.ArcGIS.Client.Tasks.Query query = new ESRI.ArcGIS.Client.Tasks.
Query()
                        {
              Where = "vegcal > 0"
                        };
                        query.OutFields.Add("*");

              QueryTask queryTask = new QueryTask("http://server/ArcGIS/rest/services/NPPsystem/
MapServer/6");
                        queryTask.ExecuteCompleted += new EventHandler<QueryEventArgs>(M
arkerSymbols_QueryTask_ExecuteCompleted);
                        queryTask.ExecuteAsync(query);
            MyDrawSurface = new Draw(Map)
            {
              LineSymbol = DefaultLineSymbol,
              FillSymbol = DefaultFillSymbol
            };
            MyDrawSurface.DrawComplete += MyDrawSurface_DrawComplete;
                }
        #region Toolbar
                private void annotations_MouseLeftButtonDown(object sender, Graphic graphic,
MouseButtonEventArgs args)
                {
                        if (toggleDeleteGraphics.IsChecked.Value) // 删除活动的编辑
                        {
                                GraphicsLayer annotations = Map.Layers["Annotations"] as
```

```
GraphicsLayer;
                            annotations.Graphics.Remove(graphic);
                    }
            }
            /// <summary>
            /// 绘图工具 编辑
            /// </summary>
            private void toggleDraw_Checked(object sender, RoutedEventArgs e)
            {
                    draw.IsEnabled = true;
                    if(sender == toggleDrawPoint) draw.DrawMode = DrawMode.Point;
                    else if (sender == toggleDrawPolyline) draw.DrawMode = DrawMode.
Polyline;
                    else if (sender == toggleDrawPolygon) draw.DrawMode = DrawMode.
Polygon;
                    else if (sender == toggleDrawRectangle) draw.DrawMode = DrawMode.
Rectangle;
                    else if (sender == toggleDrawFreehand) draw.DrawMode = DrawMode.
Freehand;
                    else draw.DrawMode = DrawMode.None;
            }
            /// <summary>
            /// Disable draw 未选中
            /// </summary>
            private void toggleDraw_Unchecked(object sender, RoutedEventArgs e)
            {
                    if (sender == toggleDrawPoint && draw.DrawMode == DrawMode.Point ||
                       sender == toggleDrawPolyline && draw.DrawMode == DrawMode.
Polyline ||
                            sender == toggleDrawPolygon && draw.DrawMode ==
DrawMode.Polygon ||
                            sender == toggleDrawRectangle && draw.DrawMode ==
DrawMode.Rectangle ||
                            sender == toggleDrawFreehand && draw.DrawMode ==
DrawMode.Freehand)
                            draw.IsEnabled = false;
            }
        private void draw_DrawComplete(object sender, DrawEventArgs e)
        {
```

```
        GraphicsLayer annotations = Map.Layers["Annotations"] as GraphicsLayer;
        Graphic g = new Graphic();
        g.Geometry = e.Geometry;
        annotations.Graphics.Add(g);
    }
    // 增加多边形查询功能
    private void toggleDraw_Checked1(object sender, RoutedEventArgs e)
    {

        if (ChooseLayer.SelectedIndex > 0 || sender == toggleIdentify || sender == toggleDeleteGraphics1 || sender == chooselayer)
        {
            MyDrawSurface.IsEnabled = true;
            if (sender == chooselayer)
            {
                LayoutRoot1.Visibility = Visibility.Visible;
                LayoutRoot1.HorizontalAlignment = HorizontalAlignment.Stretch;
                LayoutRoot1.VerticalAlignment = VerticalAlignment.Top;
                CanvasOpenRow3.Visibility = (CanvasOpenRow3.Visibility == Visibility.Collapsed) ? Visibility.Visible : Visibility.Collapsed;
                CanvasClosedRow3.Visibility = (CanvasOpenRow3.Visibility == Visibility.Collapsed) ? Visibility.Visible : Visibility.Collapsed;
            }
            else if (sender == toggleDrawPoint1) { MyDrawSurface.DrawMode = DrawMode.Point; _inputSymbol = DefaultMarkerSymbol; }
            else if (sender == toggleDrawPolyline1) { MyDrawSurface.DrawMode = DrawMode.Polyline; _inputSymbol = DefaultLineSymbol; }
            else if (sender == toggleDrawPolygon1) { MyDrawSurface.DrawMode = DrawMode.Polygon; _inputSymbol = DefaultFillSymbol; }
            else if (sender == toggleDrawRectangle1)
            {
                MyDrawSurface.DrawMode = DrawMode.Rectangle; _inputSymbol = DefaultFillSymbol;

            }
            else if (sender == toggleDeleteGraphics1)
            {
                MyDrawSurface.DrawMode = DrawMode.None;
                GraphicsLayer selectionGraphicslayer = Map.Layers["MySelectionGraphicsLayer"]
```

```
as GraphicsLayer;
                selectionGraphicslayer.ClearGraphics();
                QueryDetailsDataGrid.ItemsSource = null;
                querywindow.IsOpen = false;
                identifyquerywindow.IsOpen = false;
            };
            MyDrawSurface.IsEnabled = (MyDrawSurface.DrawMode != DrawMode.None);
        }
        else
        {
            MessageBox.Show(" 请选择要查询的图层 ( 左边面板中 )");
        }
    }
    private void toggleDraw_Checked2(object sender, RoutedEventArgs e)
    {
        identify = true;
    }
    private void toggleDraw_Unchecked2(object sender, RoutedEventArgs e)
    {
        identify = false;

    }
    private void toggleDraw_Unchecked1(object sender, RoutedEventArgs e)
    {
        if (sender == toggleDrawPoint1 && MyDrawSurface.DrawMode == DrawMode.Point ||
                sender == toggleDrawPolyline1 && MyDrawSurface.DrawMode == DrawMode.
Polyline ||
                sender == toggleDrawPolygon1 && MyDrawSurface.DrawMode == DrawMode.
Polygon ||
                sender == toggleDrawRectangle1 && MyDrawSurface.DrawMode == DrawMode.
Rectangle ||
            sender == toggleIdentify)
        {

            MyDrawSurface.IsEnabled = false;
        }
    }
        private void MyDrawSurface_DrawComplete(object sender, ESRI.ArcGIS.Client.
DrawEventArgs args)
```

```
{
    GraphicsLayer selectionGraphicslayer = Map.Layers["MySelectionGraphicsLayer"] as GraphicsLayer;
    selectionGraphicslayer.ClearGraphics();
    queryTask_spatial.ExecuteCompleted += QueryTask_ExecuteCompleted;
    queryTask_spatial.Failed += QueryTask_Failed;
    // Bind 绑定查询结果数据
    Binding resultFeaturesBinding = new Binding("LastResult.Features");
    resultFeaturesBinding.Source = queryTask_spatial;
    QueryDetailsDataGrid.SetBinding(DataGrid.ItemsSourceProperty, resultFeaturesBinding);
    Query query = new ESRI.ArcGIS.Client.Tasks.Query();
    query.OutFields.Add("*");
    query.Geometry = args.Geometry;
    // 换回查询结果范围
    query.ReturnGeometry = true;
    queryTask_spatial.ExecuteAsync(query);
}
private void QueryTask_ExecuteCompleted(object sender, ESRI.ArcGIS.Client.Tasks.QueryEventArgs args)
{
    FeatureSet featureSet = args.FeatureSet;
    if (featureSet == null || featureSet.Features.Count < 1)
    {
        MessageBox.Show(" 没有 features 被选中用于查询 ");
        return;
    }
    GraphicsLayer graphicsLayer = Map.Layers["MySelectionGraphicsLayer"] as GraphicsLayer;
    graphicsLayer.ClearGraphics();
    ListBox lisbox2 = new ListBox();
    if (featureSet != null && featureSet.FieldAliases.Count > 2)
    {

        Graphic selectedFeature1 = featureSet.Features[0];
        lisbox2.ItemsSource = selectedFeature1.Attributes;
    }
    for (int n = 0; n < featureSet.Features[0].Attributes.Count; n++)
    {
```

```
            GraphicAttributeColumn gcolums = new GraphicAttributeColumn();
            string Itemstring = lisbox2.Items[n].ToString();
            string Laststring = Itemstring.Split(",".ToCharArray())[0];
            string AttributeString = Laststring.Remove(0, 1);
            gcolums.AttributeName = AttributeString;
            gcolums.Header = AttributeString;
            QueryDetailsDataGrid.Columns.Add(gcolums);
        }
        if (featureSet != null && featureSet.Features.Count > 0)
        {
            // 判断图层是什么类型
            foreach (Graphic feature in featureSet.Features)
            {
                string shape = featureSet.GeometryType.ToString();
                switch (shape)
                {
                    case "Polygon":
                        feature.Symbol = ResultsFillSymbol;
                        break;
                    case "Point":
                        feature.Symbol = DefaultMarkerSymbol;
                        break;
                }
                graphicsLayer.Graphics.Insert(0, feature);
            }
            querywindow.IsOpen = true;
        }
        draw.IsEnabled = false;
    }
    private void dataGrid1_AutoGeneratingColumn(object sender, DataGridAutoGeneratingCol
umnEventArgs e)
    {

        if (e.PropertyName == "Geometry" || e.PropertyName == "Attributes" || e.PropertyName
== "Symbol" || e.PropertyName == "MapTip" || e.PropertyName == "Selected" || e.PropertyName ==
"Dispatcher")
        {
            e.Cancel = true;
        }
```

```
}
private void QueryTask_Failed(object sender, TaskFailedEventArgs args)
{
    MessageBox.Show("Query failed: " + args.Error);
}
    private void QueryDetailsDataGrid_SelectionChanged(object sender, 
SelectionChangedEventArgs e)
{
    foreach (Graphic g in e.AddedItems)
        g.Select();

    foreach (Graphic g in e.RemovedItems)
        g.UnSelect();
}
private void QueryDetailsDataGrid_LoadingRow(object sender, DataGridRowEventArgs e)
{
    e.Row.MouseEnter += Row_MouseEnter;
    e.Row.MouseLeave += Row_MouseLeave;
}

void Row_MouseEnter(object sender, MouseEventArgs e)
{
    (((System.Windows.FrameworkElement)(sender)).DataContext as Graphic).Select();
}

void Row_MouseLeave(object sender, MouseEventArgs e)
{
    DataGridRow row = sender as DataGridRow;
    Graphic g = ((System.Windows.FrameworkElement)(sender)).DataContext as Graphic;

    if (!QueryDetailsDataGrid.SelectedItems.Contains(g))
        g.UnSelect();
}

        private void toggleEditGeometry_Checked(object sender, RoutedEventArgs e)
        {
                editor.IsEnabled = (sender as ToggleButton).IsChecked.Value;
        }
```

```
private void Measure_Checked(object sender, RoutedEventArgs e)
{
        measure.IsActivated = false;
        measure.Type = sender == MeasureDistance ? MeasureType.Distance :
MeasureType.Area;
    measure.IsActivated = (sender as ToggleButton).IsChecked.Value;
}

    private void Measure_Unchecked(object sender, RoutedEventArgs e)
    {
        measure.IsActivated = MeasureArea.IsChecked.Value || MeasureDistance.
IsChecked.Value;
    }

    private void GeoMeasureToggleButton_Checked(object sender, RoutedEventArgs e)
    {
        geoMeasure.IsActivated = (sender as ToggleButton).IsChecked.Value;
    }
#endregion
```

3.5 查询功能

3.5.1 查询功能主要内容

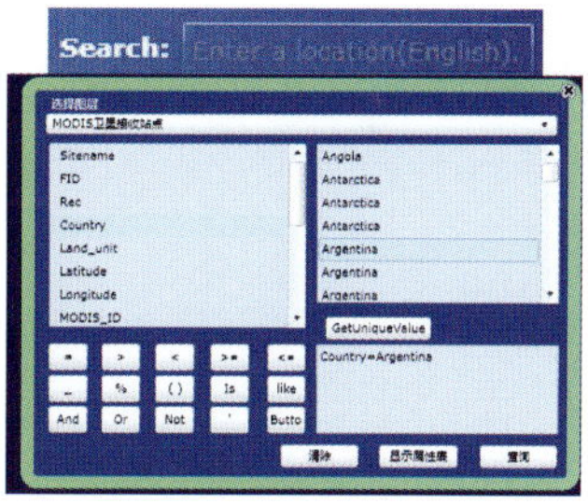

（1）简单地理位置查询（应输入英文地名或拼音）：可立即定位到查询的地区。

（2）高级查询模块，详细查询与计算分析工具：可实现对不同图层、不同字段查询，并采用 SQL 语句作为查询参数进行查询，并在地图上显示查询结果及属性表信息。

3.5.2 主要实现步骤

（1）在 Page.xmal 设计页面中使用 <local:LocatorControl> 控件作为地理位置查询功能输入框。

（2）在 AttributeQuery.xaml 中设计高级查询模块，在后台 AttributeQuery.xaml.cs 文件中进行功能的实现，代码如下。

3.5.3 主要代码

```
public partial class AttributeQuery : UserControl
  {
    public GraphicsLayer Layer
    {
      get { return (GraphicsLayer)GetValue(LayerProperty); }
      set { SetValue(LayerProperty, value); }
```

```
}
// 增加属性查询工具
string QueryName;
static QueryTask queryTask;
static QueryTask queryTask2;
static QueryTask queryTask3;
List<LayerChoose> LayerChooseList = new List<LayerChoose>();
public struct LayerChoose
{
    public string Name { get; set; }
    public string Description1 { get; set; }
    public double Min { get; set; }
    public double Max { get; set; }
    public string MinName { get; set; }
    public string MaxName { get; set; }
    public List<double> RangeStarts { get; set; }
}
private void CreateLayerChooseList()
{
    LayerChooseList.Add(new LayerChoose() { Name = "select ", Description1 = "select " });
    LayerChooseList.Add(new LayerChoose() { Name = " 全球碳通量站点 ", Description1 = " 全球碳通量站点 " });
    LayerChooseList.Add(new LayerChoose() { Name = "MODIS 卫星接收站点 ", Description1 = "MODIS 卫星接收站点 " });
    LayerChooseList.Add(new LayerChoose() { Name = " 全球 NPP 站点 ", Description1 = " 全球 NPP 站点 " });
    LayerChooseList.Add(new LayerChoose() { Name = " 全球主要城市 ", Description1 = " 全球主要城市 " });
    LayerChooseList.Add(new LayerChoose() { Name = " 全球主要河流 ", Description1 = " 全球主要河流 " });
    LayerChooseList.Add(new LayerChoose() { Name = " 全球主要湖泊 ", Description1 = " 全球主要湖泊 " });
    LayerChooseList.Add(new LayerChoose() { Name = " 全球各国和地区基本数据 ", Description1 = " 全球各国和地区基本数据 " });
    FieldCombo1.ItemsSource = LayerChooseList;
    FieldCombo1.SelectedIndex = 0;
}
// 增加属性查询工具 结束
public static readonly DependencyProperty LayerProperty =
```

```
            DependencyProperty.Register("Layer", typeof(GraphicsLayer), typeof(AttributeQuery),
null);
        private ESRI.ArcGIS.Client.Map map;
        public AttributeQuery(ESRI.ArcGIS.Client.Map Map)
        {
            map = Map;
            InitializeComponent();
            CreateLayerChooseList();
        }
        private void QueryTask_Failed(object sender, TaskFailedEventArgs args)
        {
            MessageBox.Show(" 查询执行错误 ( 请确定输入正确的 SQL 语句 ): " + args.Error);

        }

        // 增加属性工具
        private void lisbox2_selectionchanged(object sender, SelectionChangedEventArgs e)
        {
            if ((sender as ListBox).SelectedItems.Count != 0)
            {
                string Itemstring = (sender as ListBox).SelectedItem.ToString();
                string Laststring = Itemstring.Split(",".ToCharArray())[0];
                string AttributeString = Laststring.Remove(0, 1);
                QueryName = AttributeString;
                StateNameTextBox.Text = StateNameTextBox.Text + AttributeString;
               lisbox1.Items.Clear();
               GetValueList.IsEnabled = true ;
            }
        }
         private void QueryTask_ExecuteCompleted2(object sender, ESRI.ArcGIS.Client.Tasks.
QueryEventArgs args)
        {

                FeatureSet featureSet = args.FeatureSet;
                foreach (Graphic graphic in args.FeatureSet.Features)
                {
                    if (QueryName == "Shape_Length" || QueryName == "Shape_Area" || QueryName
== "Shape")
                   {
```

```
                MessageBox.Show(" 不是有效查询字段，请重新选择字段 ");
                return;
            }
            else
            {
                lisbox1.Items.Add(graphic.Attributes[QueryName].ToString());
            }
        }

    }
    private void lisbox1_selectionchanged(object sender, SelectionChangedEventArgs e)
    {
        ListBox lb = sender as ListBox;
        if (lb.SelectedItems.Count != 0)
        {
            string Itemstring = lb.SelectedItem.ToString();
            StateNameTextBox.Text = StateNameTextBox.Text + Itemstring;
        }
        GetValueList.IsEnabled = false ;
    }
     private void QueryTask_ExecuteCompleted1(object sender, ESRI.ArcGIS.Client.Tasks.
QueryEventArgs args)
    {

        FeatureSet featureSet = args.FeatureSet;
            GraphicsLayer graphicsLayer = map.Layers["MySelectionGraphicsLayer"] as
GraphicsLayer;
        graphicsLayer.ClearGraphics();
        if (featureSet != null && featureSet.FieldAliases.Count > 2)
        {
            Graphic selectedFeature1 = featureSet.Features[0];
            lisbox2.ItemsSource = selectedFeature1.Attributes;
        }

    }
    private void GetValue_Click(object sender, RoutedEventArgs e)
    {

        lisbox1.Items.Clear();
```

```
#region 列表选择
if (FieldCombo1.SelectedIndex == 1)
{
   queryTask2 = new QueryTask("http://server/ArcGIS/rest/services/" +
    "NPPsystem/MapServer/0");


}
else if (FieldCombo1.SelectedIndex == 2)
{

   queryTask2 = new QueryTask("http://server/ArcGIS/rest/services/" +
  "NPPsystem/MapServer/1");
}
else if (FieldCombo1.SelectedIndex == 3)
{

   queryTask2 = new QueryTask("http://server/ArcGIS/rest/services/" +
  "NPPsystem/MapServer/2");
}
else if (FieldCombo1.SelectedIndex == 4)
{

   queryTask2 = new QueryTask("http://server/ArcGIS/rest/services/" +
  "NPPsystem/MapServer/3");
}
else if (FieldCombo1.SelectedIndex == 5)
{

   queryTask2 = new QueryTask("http://server/ArcGIS/rest/services/" +
  "NPPsystem/MapServer/4");
}
else if (FieldCombo1.SelectedIndex == 6)
{

   queryTask2 = new QueryTask("http://server/ArcGIS/rest/services/" +
  "NPPsystem/MapServer/5");
}
else if (FieldCombo1.SelectedIndex == 7)
{
```

```
        queryTask2 = new QueryTask("http://server/ArcGIS/rest/services/" +
       "NPPsystem/MapServer/6");
    }

    else
    { return; }

    #endregion
    queryTask2.ExecuteCompleted += QueryTask_ExecuteCompleted2;
        queryTask2.Failed += QueryTask_Failed;

        ESRI.ArcGIS.Client.Tasks.Query query = new ESRI.ArcGIS.Client.Tasks.Query();
        query.OutFields.AddRange(new string[] { QueryName });
        query.Where = "1=1";
        queryTask2.ExecuteAsync(query);
        //QueryDetailsDataGrid.Columns.Clear();
        QueryDetailsDataGrid.ItemsSource = null;
        GetValueList.IsEnabled = false;
        Dattributes.Content = " 关闭属性表 ";
}

private void Query_Click(object sender, RoutedEventArgs e)
{
    if (StateNameTextBox.Text != "")
    {
        #region 列表选择
        if (FieldCombo1.SelectedIndex == 1)
        {
            queryTask3 = new QueryTask("http://server/ArcGIS/rest/services/" +
             "NPPsystem/MapServer/0");

        }
        else if (FieldCombo1.SelectedIndex == 2)
        {

            queryTask3 = new QueryTask("http://server/ArcGIS/rest/services/" +
           "NPPsystem/MapServer/1");
        }
```

```
        else if (FieldCombo1.SelectedIndex == 3)
        {

          queryTask3 = new QueryTask("http://server/ArcGIS/rest/services/" +
         "NPPsystem/MapServer/2");
        }
        else if (FieldCombo1.SelectedIndex == 4)
        {

          queryTask3 = new QueryTask("http://server/ArcGIS/rest/services/" +
         "NPPsystem/MapServer/3");
        }
        else if (FieldCombo1.SelectedIndex == 5)
        {

          queryTask3 = new QueryTask("http://server/ArcGIS/rest/services/" +
         "NPPsystem/MapServer/4");
        }
        else if (FieldCombo1.SelectedIndex == 6)
        {

          queryTask3 = new QueryTask("http://server/ArcGIS/rest/services/" +
         "NPPsystem/MapServer/5");
        }
        else if (FieldCombo1.SelectedIndex == 7)
        {

          queryTask3 = new QueryTask("http://server/ArcGIS/rest/services/" +
         "NPPsystem/MapServer/6");
        }

        else
        { return; }
#endregion
        queryTask3.ExecuteCompleted += QueryTask_ExecuteCompleted3;
        queryTask3.Failed += QueryTask_Failed;
        Binding resultFeaturesBinding = new Binding("LastResult.Features");
        resultFeaturesBinding.Source = queryTask3;
              QueryDetailsDataGrid.SetBinding(DataGrid.ItemsSourceProperty,
```

```
resultFeaturesBinding);
                    ESRI.ArcGIS.Client.Tasks.Query query = new ESRI.ArcGIS.Client.Tasks.Query();
                    query.ReturnGeometry = true;
                    query.OutFields.Add("*");
                    query.Where = StateNameTextBox.Text;
                    queryTask3.ExecuteAsync(query);

                }
            }
              private void QueryTask_ExecuteCompleted3(object sender, ESRI.ArcGIS.Client.Tasks.
QueryEventArgs args)
            {
                try
                {
                    if (StateNameTextBox.Text != "")
                    {
                        FeatureSet featureSet = args.FeatureSet;
                            GraphicsLayer graphicsLayer = map.Layers["MySelectionGraphicsLayer"] as
GraphicsLayer;
                        graphicsLayer.ClearGraphics();
                        ListBox lisbox2 = new ListBox();
                        if (featureSet != null && featureSet.FieldAliases.Count > 2)
                        {

                            Graphic selectedFeature1 = featureSet.Features[0];
                            lisbox2.ItemsSource = selectedFeature1.Attributes;



                        }

                        for (int n = 0; n < featureSet.Features[0].Attributes.Count; n++)
                        {

                            GraphicAttributeColumn gcolums = new GraphicAttributeColumn();
                            string Itemstring = lisbox2.Items[n].ToString();

                            string Laststring = Itemstring.Split(",".ToCharArray())[0];
                            string AttributeString = Laststring.Remove(0, 1);
```

```
                gcolums.AttributeName = AttributeString;
                gcolums.Header = AttributeString;
                QueryDetailsDataGrid.Columns.Add(gcolums);
            }
            if (featureSet != null && featureSet.Features.Count > 0)
            {
                // 判断图层是什么类型
                foreach (Graphic feature in featureSet.Features)
                {
                    // Graphic graphic = featureSet.Feature;
                    string shape = featureSet.GeometryType.ToString();
                    switch (shape)
                    {
                        case "Polygon":
                            feature.Symbol = ResultsFillSymbol;
                            break;
                        case "Point":
                            feature.Symbol = MyMarkerSymbol;
                            break;
                        case "Polyline":
                            feature.Symbol = DefaultLineSymbol1;
                            break;
                    }
                    graphicsLayer.Graphics.Insert(0, feature);
                }
            }
            ResultsDisplay.Visibility = Visibility.Visible;
        }
    }
    catch (Exception ex)
    {
        MessageBox.Show(" 查询执行错误 ( 请确定输入正确的 SQL 语句 ): " + ex);
    }
}
        private void OnComboBoxChanged_Chooselayer(object sender,
SelectionChangedEventArgs e)
        {
            GraphicsLayer graphicsLayer = map.Layers["MySelectionGraphicsLayer"] as
GraphicsLayer;
```

```
graphicsLayer.ClearGraphics();
lisbox1.Items.Clear();
lisbox2.ItemsSource = null;
lisbox2.UpdateLayout();
QueryDetailsDataGrid.Columns.Clear();
QueryDetailsDataGrid.UpdateLayout();
#region 列表选择
if (FieldCombo1.SelectedIndex == 1)
{
   queryTask = new QueryTask("http://server/ArcGIS/rest/services/" +
    "NPPsystem/MapServer/0");

}
else if (FieldCombo1.SelectedIndex == 2)
{

   queryTask = new QueryTask("http://server/ArcGIS/rest/services/" +
  "NPPsystem/MapServer/1");
}
else if (FieldCombo1.SelectedIndex == 3)
{

   queryTask = new QueryTask("http://server/ArcGIS/rest/services/" +
  "NPPsystem/MapServer/2");
}
else if (FieldCombo1.SelectedIndex == 4)
{

   queryTask = new QueryTask("http://server/ArcGIS/rest/services/" +
  "NPPsystem/MapServer/3");
}
else if (FieldCombo1.SelectedIndex == 5)
{

   queryTask = new QueryTask("http://server/ArcGIS/rest/services/" +
  "NPPsystem/MapServer/4");
}
else if (FieldCombo1.SelectedIndex == 6)
{
```

```
            queryTask = new QueryTask("http://server/ArcGIS/rest/services/" +
          "NPPsystem/MapServer/5");
        }
        else if (FieldCombo1.SelectedIndex == 7)
        {

            queryTask = new QueryTask("http://server/ArcGIS/rest/services/" +
          "NPPsystem/MapServer/6");
        }

        else
        { return; }
        #endregion
        queryTask.ExecuteCompleted += QueryTask_ExecuteCompleted1;
        queryTask.Failed += QueryTask_Failed;

        ESRI.ArcGIS.Client.Tasks.Query query = new ESRI.ArcGIS.Client.Tasks.Query();
        query.ReturnGeometry = false ;
        query.OutFields.Add("*");
        query.Where = "1=1";
        queryTask.ExecuteAsync(query);
    }

    private void Cleartext(object sender, RoutedEventArgs e)
    {
        StateNameTextBox.Text = "";
            GraphicsLayer graphicsLayer = map.Layers["MySelectionGraphicsLayer"] as
GraphicsLayer;
        graphicsLayer.ClearGraphics();
        QueryDetailsDataGrid.Columns.Clear();
        QueryDetailsDataGrid.UpdateLayout();
    }
    // 获取 SQL 按钮的值
    private void ButtonClick(object sender, RoutedEventArgs e)
    {
        Button but = (Button)sender;
        string str = but.Content.ToString();
        char[] exp = { '&' };
```

```
        str = str.Trim(exp);
        StateNameTextBox.Text = StateNameTextBox.Text + str;

    }
    // 鼠标在 grid 上移动事件
    private void GraphicsLayer_MouseEnter(object sender, Graphic graphic, MouseEventArgs args)
    {
        QueryDetailsDataGrid.Dispatcher.BeginInvoke(delegate
        {
            QueryDetailsDataGrid.Focus();
            QueryDetailsDataGrid.SelectedItem = graphic;
            QueryDetailsDataGrid.CurrentColumn = QueryDetailsDataGrid.Columns[0];
            QueryDetailsDataGrid.ScrollIntoView(QueryDetailsDataGrid.SelectedItem, QueryDetailsDataGrid.Columns[0]);
        });
    }

    private void GraphicsLayer_MouseLeave(object sender, Graphic graphic, MouseEventArgs args)
    {
        QueryDetailsDataGrid.Dispatcher.BeginInvoke(delegate
        {
            QueryDetailsDataGrid.Focus();
            QueryDetailsDataGrid.SelectedItem = null;
        });
    }

    private void QueryDetailsDataGrid_SelectionChanged(object sender, SelectionChangedEventArgs e)
    {
        foreach (Graphic g in e.AddedItems)
            g.Select();

        foreach (Graphic g in e.RemovedItems)
            g.UnSelect();
    }

    private void QueryDetailsDataGrid_LoadingRow(object sender, DataGridRowEventArgs e)
```

```
{
    e.Row.MouseEnter += Row_MouseEnter;
    e.Row.MouseLeave += Row_MouseLeave;
}

void Row_MouseEnter(object sender, MouseEventArgs e)
{
    (((System.Windows.FrameworkElement)(sender)).DataContext as Graphic).Select();
}

void Row_MouseLeave(object sender, MouseEventArgs e)
{
    DataGridRow row = sender as DataGridRow;
    Graphic g = ((System.Windows.FrameworkElement)(sender)).DataContext as Graphic;

    if (!QueryDetailsDataGrid.SelectedItems.Contains(g))
        g.UnSelect();
}

private void dataGrid1_AutoGeneratingColumn(object sender, DataGridAutoGeneratingCol
umnEventArgs e)
{

    if (e.PropertyName == "Geometry" || e.PropertyName == "Attributes" || e.PropertyName
== "Symbol" || e.PropertyName == "MapTip" || e.PropertyName == "Selected" || e.PropertyName ==
"Dispatcher")
    {
        e.Cancel = true;
    }
}

private void close(object sender, RoutedEventArgs e)
{
    if (ResultsDisplay.Visibility == Visibility.Collapsed)
    {
        ResultsDisplay.Visibility = Visibility.Visible;
        Dattributes.Content = " 关闭属性表 ";

    }
```

```
        else { ResultsDisplay.Visibility = Visibility.Collapsed ;
        Dattributes.Content = " 显示属性表 ";
        }
    }


    // 增加属性工具结束
}
```

3.6 功能模块

3.6.1 功能模块区

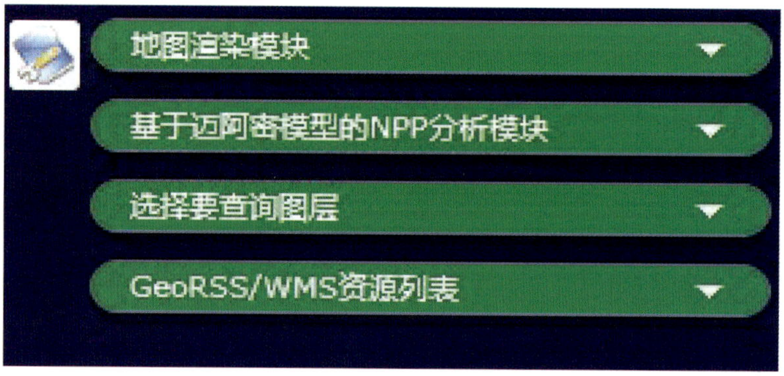

3.6.2 地图渲染模块

3.6.2.1 地图渲染模块内容

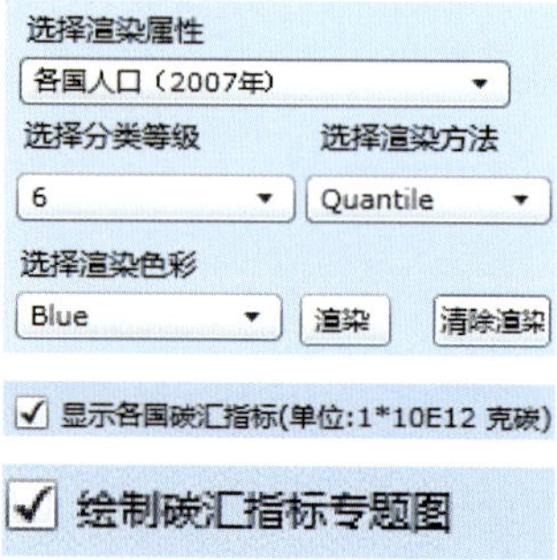

（1）根据各国碳汇指标渲染：可选择要渲染的图层（如人口数、各国不同的国民消耗碳汇指标等），选择不同的分类等级、不同的渲染方法（等均或等密度）以及不同的色彩方式进行地图渲染。

（2）Maptips 方式显示 ：各国国民消耗碳汇指标信息。

（3）绘制各国国民碳汇指标数据专题图 ：通过收集得到全球各国和地区居民消耗如蔬菜、肉类、牛奶、鸡蛋、木头、纸张和纤维制品等指标，推算出各类指标中消耗碳的含量，生成这七类指标的专题图，从而可以估算出该国或地区居民消耗碳汇能力大小，便于碳汇决策分析。右图为专题图显示结果。

3.6.2.2 主要实现步骤

（1）在 Page.xmal 页面中添加 <Canvas> 标签作为实现地图渲染模块容器，在该容器用多个 <ComboBox> 控件分别实现对选择各国碳汇指标、分类级别、渲染方式已经渲染颜色的选择，用 <Button> 控件实现确定和清除操作。

（2）在该页面中添加 <local:LayerCheckBox> 和 <pie:PieMarkerSymbol> 标签实现绘制碳汇指标专题饼图的显示操作。

（3）使用 <CheckBox> 标签添加 Maptips 显示鼠标所在国碳汇指标功能

3.6.2.3 地图渲染模块效果图

（1）碳汇指标专题饼图。

（2）Maptips 显示鼠标所在国碳汇指标。

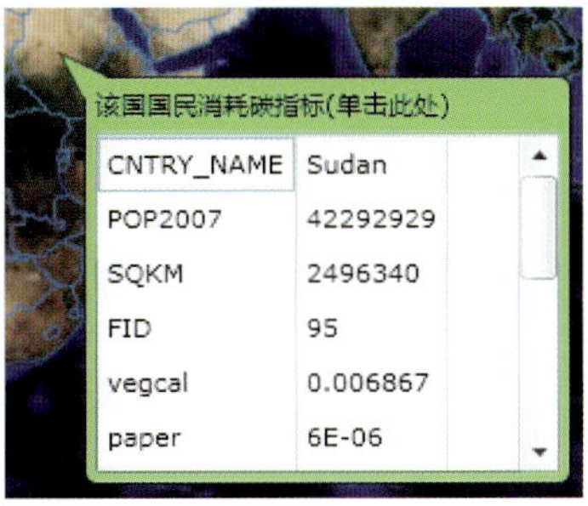

3.6.2.4 主要代码

```
#region 增加属性渲染工具
    public struct ThematicItem
    {
        public string Name { get; set; }
        public string Description { get; set; }
        public string CalcField { get; set; }
        public double Min { get; set; }
        public double Max { get; set; }
        public string MinName { get; set; }
        public string MaxName { get; set; }
        public List<double> RangeStarts { get; set; }

    }

    private void CreateColorList()
    {
        ColorList = new List<List<SolidColorBrush>>();
        ColorList1 = new List<List<SolidColorBrush>>();
        List<SolidColorBrush> BlueShades = new List<SolidColorBrush>();
```

```
List<SolidColorBrush> RedShades = new List<SolidColorBrush>();
List<SolidColorBrush> GreenShades = new List<SolidColorBrush>();
List<SolidColorBrush> YellowShades = new List<SolidColorBrush>();
List<SolidColorBrush> MagentaShades = new List<SolidColorBrush>();
List<SolidColorBrush> CyanShades = new List<SolidColorBrush>();

int rgbFactor = 255 / _classCount;

for (int j = 0; j < 256; j = j + rgbFactor)
{
  BlueShades.Add(new SolidColorBrush(Color.FromArgb(192, (byte)j, (byte)j, 255)));
  RedShades.Add(new SolidColorBrush(Color.FromArgb(192, 255, (byte)j, (byte)j)));
  GreenShades.Add(new SolidColorBrush(Color.FromArgb(192, (byte)j, 255, (byte)j)));
  YellowShades.Add(new SolidColorBrush(Color.FromArgb(192, 255, 255, (byte)j)));
  MagentaShades.Add(new SolidColorBrush(Color.FromArgb(192, 255, (byte)j, 255)));
  CyanShades.Add(new SolidColorBrush(Color.FromArgb(192, (byte)j, 255, 255)));
}

ColorList.Add(BlueShades);
ColorList.Add(RedShades);
ColorList.Add(GreenShades);
ColorList.Add(YellowShades);
ColorList.Add(MagentaShades);
ColorList.Add(CyanShades);

ColorList1.Add(BlueShades);
ColorList1.Add(RedShades);
ColorList1.Add(GreenShades);
ColorList1.Add(YellowShades);
ColorList1.Add(MagentaShades);
ColorList1.Add(CyanShades);

foreach (List<SolidColorBrush> brushList in ColorList)
{
  brushList.Reverse();
}

List<SolidColorBrush> MixedShades = new List<SolidColorBrush>();
  if (_classCount > 5) MixedShades.Add(new SolidColorBrush(Color.FromArgb(192, 0,
```

```
255, 255)));
            if (_classCount > 4) MixedShades.Add(new SolidColorBrush(Color.FromArgb(192, 255,
0, 255)));
            if (_classCount > 3) MixedShades.Add(new SolidColorBrush(Color.FromArgb(192, 255,
255, 0)));

            //
             if (_classCount1 > 5) MixedShades.Add(new SolidColorBrush(Color.FromArgb(192, 0,
255, 255)));
              if (_classCount1 > 4) MixedShades.Add(new SolidColorBrush(Color.FromArgb(192,
255, 0, 255)));
              if (_classCount1 > 3) MixedShades.Add(new SolidColorBrush(Color.FromArgb(192,
255, 255, 0)));
            //
            MixedShades.Add(new SolidColorBrush(Color.FromArgb(192, 0, 255, 0)));
            MixedShades.Add(new SolidColorBrush(Color.FromArgb(192, 0, 0, 255)));
            MixedShades.Add(new SolidColorBrush(Color.FromArgb(192, 255, 0, 0)));
            ColorList.Add(MixedShades);
            ColorList1.Add(MixedShades);
            _lastGeneratedClassCount = _classCount;
            _lastGeneratedClassCount1 = _classCount1;
        }

        private void CreateThematicList()
        {
            ThematicItemList.Add(new ThematicItem() { Name = "POP2007", Description = " 各国
人口（2007 年）", CalcField = "" });
            ThematicItemList.Add(new ThematicItem() { Name = "SQKM", Description = " 各国国
土面积 ", CalcField = "" });
             ThematicItemList.Add(new ThematicItem() { Name = "vegcal", Description = " 各国消
耗蔬菜（单位：1*10E12 克碳）", CalcField = "" });
            ThematicItemList.Add(new ThematicItem() { Name = "paper", Description = " 各国消耗
纸（单位：1*10E12 克碳）", CalcField = "" });
            ThematicItemList.Add(new ThematicItem() { Name = "wood", Description = " 各国消耗
木材（单位：1*10E12 克碳）", CalcField = "" });
            ThematicItemList.Add(new ThematicItem() { Name = "meat", Description = " 各国消耗
肉类（单位：1*10E12 克碳）", CalcField = "" });
            ThematicItemList.Add(new ThematicItem() { Name = "fiber", Description = " 各国消耗
纤维（单位：1*10E12 克碳）", CalcField = "" });
```

```
            ThematicItemList.Add(new ThematicItem() { Name = "eggs", Description = " 各国消耗蛋类（单位：1*10E12 克碳）", CalcField = "" });
            ThematicItemList.Add(new ThematicItem() { Name = "milk", Description = " 各国消耗牛奶（单位：1*10E12 克碳）", CalcField = "" });
            ThematicItemList.Add(new ThematicItem() { Name = "Total", Description = " 各国碳汇贡献总量（单位：1*10E12 克碳）", CalcField = "" });
            foreach (ThematicItem items in ThematicItemList)
            {
                FieldCombo.Items.Add(items.Description);
            }
            FieldCombo.SelectedIndex = 0;
        }

        private void SetRangeValues()
        {
            GraphicsLayer graphicsLayer = Map.Layers["MySelectionGraphicsLayer"] as GraphicsLayer;
            if (_lastGeneratedClassCount != _classCount) CreateColorList();
            ThematicItem thematicItem = ThematicItemList[_thematicListIndex];
            bool useCalculatedValue = !string.IsNullOrEmpty(thematicItem.CalcField);
            List<double> valueList = new List<double>();
            for (int i = 0; i < _featureSet.Features.Count; i++)
            {
                Graphic graphicFeature = _featureSet.Features[i];
                double graphicValue = Convert.ToDouble(graphicFeature.Attributes[thematicItem.Name]);
                string graphicName = graphicFeature.Attributes["CNTRY_NAME"].ToString();
                if (useCalculatedValue)
                {
                    double calcVal = Convert.ToDouble(graphicFeature.Attributes[thematicItem.CalcField]);
                    graphicValue = Math.Round(graphicValue / calcVal * 100, 7);
                }

                if (i == 0)
                {
                    thematicItem.Min = graphicValue;
                    thematicItem.Max = graphicValue;
                    thematicItem.MinName = graphicName;
```

```
                thematicItem.MaxName = graphicName;
            }
            else
            {
                    if (graphicValue < thematicItem.Min) { thematicItem.Min = graphicValue;
thematicItem.MinName = graphicName; }
                    if (graphicValue > thematicItem.Max) { thematicItem.Max = graphicValue;
thematicItem.MaxName = graphicName; }
            }

            valueList.Add(graphicValue);
        }
        thematicItem.RangeStarts = new List<double>();
        double totalRange = thematicItem.Max - thematicItem.Min;
        double portion = totalRange / _classCount;
        thematicItem.RangeStarts.Add(thematicItem.Min);
        double startRangeValue = thematicItem.Min;
        // Equal Interval
        if (_classType == 1)
        {
            for (int i = 1; i < _classCount; i++)
            {
                startRangeValue += portion;
                thematicItem.RangeStarts.Add(startRangeValue);
            }
        }
        // Quantile
        else
        {
            IEnumerable<double> valueEnumerator =
            from aValue in valueList
            orderby aValue
            select aValue;

                int increment = Convert.ToInt32(Math.Ceiling(_featureSet.Features.Count / _
classCount));
            for (int i = increment; i < valueList.Count; i += increment)
            {
                double value = valueEnumerator.ElementAt(i);
```

```
            thematicItem.RangeStarts.Add(value);
        }
    }
    List<SolidColorBrush> brushList = ColorList[_colorShadeIndex];
    if (_featureSet != null && _featureSet.Features.Count > 0)
    {
        graphicsLayer.ClearGraphics();

        for (int i = 0; i < _featureSet.Features.Count; i++)
        {
            Graphic graphicFeature = _featureSet.Features[i];

                double graphicValue = Convert.ToDouble(graphicFeature.Attributes[thematicItem.
Name]);
            if (useCalculatedValue)
            {
                    double calcVal = Convert.ToDouble(graphicFeature.Attributes[thematicItem.
CalcField]);
                graphicValue = Math.Round(graphicValue / calcVal * 100, 7);
            }

            int brushIndex = GetRangeIndex(graphicValue, thematicItem.RangeStarts);

            SimpleFillSymbol symbol = new SimpleFillSymbol()
            {
                Fill = brushList[brushIndex],
                BorderBrush = new SolidColorBrush(Colors.Transparent),
                BorderThickness = 1
            };

            Graphic graphic = new Graphic();
            graphic.Geometry = graphicFeature.Geometry;
                graphic.Attributes.Add("Name", graphicFeature.Attributes["CNTRY_NAME"].
ToString());
            graphic.Attributes.Add("Description", thematicItem.Description);
            graphic.Attributes.Add("Value", graphicValue.ToString());
            graphic.Symbol = symbol;

            graphicsLayer.Graphics.Add(graphic);
```

```
            }

            LegendStackPanel.Children.Clear();

            ListBox legendList = new ListBox();
            LegendTitle.Text = thematicItem.Description;

            for (int c = 0; c < _classCount; c++)
            {
                Rectangle swatchRect = new Rectangle()
                {
                    Width = 20,
                    Height = 20,
                    Stroke = new SolidColorBrush(Colors.Black),
                    Fill = brushList[c]
                };

                TextBlock classTextBlock = new TextBlock();
                // First classification
                if (c == 0)
                    classTextBlock.Text = String.Format(" Less than {0}", Math.Round(thematicItem.
RangeStarts[1], 7));
                // Last classification
                else if (c == _classCount - 1)
                        classTextBlock.Text = String.Format(" {0} and above", Math.
Round(thematicItem.RangeStarts[c], 7));
                // Middle classifications
                else
                    classTextBlock.Text = String.Format(" {0} to {1}", Math.Round(thematicItem.
RangeStarts[c], 7), Math.Round(thematicItem.RangeStarts[c + 1], 7));

                StackPanel classStackPanel = new StackPanel();
                classStackPanel.Orientation = Orientation.Horizontal;
                classStackPanel.Children.Add(swatchRect);
                classStackPanel.Children.Add(classTextBlock);

                legendList.Items.Add(classStackPanel);
            }
```

```
            TextBlock minTextBlock = new TextBlock();
            StackPanel minStackPanel = new StackPanel();
            minStackPanel.Orientation = Orientation.Horizontal;
            minTextBlock.Text = String.Format("Min: {0} ({1})", thematicItem.Min, thematicItem.
MinName);
            minStackPanel.Children.Add(minTextBlock);
            legendList.Items.Add(minStackPanel);

            TextBlock maxTextBlock = new TextBlock();
            StackPanel maxStackPanel = new StackPanel();
            maxStackPanel.Orientation = Orientation.Horizontal;
                maxTextBlock.Text = String.Format("Max: {0} ({1})", thematicItem.Max,
thematicItem.MaxName);
            maxStackPanel.Children.Add(maxTextBlock);
            legendList.Items.Add(maxStackPanel);

            LegendStackPanel.Children.Add(legendList);
          }
        }

        private int GetRangeIndex(double val, List<double> ranges)
        {
          int index = _classCount - 1;
          for (int r = 0; r < _classCount - 1; r++)
          {
            if (val >= ranges[r] && val < ranges[r + 1]) index = r;
          }
          return index;
        }
        private int GetRangeIndex1(double val, List<double> ranges)
        {
          int index = _classCount1 - 1;
          for (int r = 0; r < _classCount1 - 1; r++)
          {
            if (val >= ranges[r] && val < ranges[r + 1]) index = r;
          }
          return index;
        }
        public struct Values
```

```
{
  public string Name { get; set; }
  public string Description { get; set; }
  public string Value { get; set; }
}

    private void ClassTypeCombo_SelectionChanged(object sender, SelectionChangedEventArgs e)
{
  if (ClassTypeCombo != null)
    _classType = ClassTypeCombo.SelectedIndex;
}
    private void ClassTypeCombo_SelectionChanged1(object sender, SelectionChangedEventArgs e)
{
  if (ClassTypeCombo_npp != null)
    _classType1 = ClassTypeCombo_npp.SelectedIndex;
}
    private void ColorBlendCombo_SelectionChanged(object sender, SelectionChangedEventArgs e)
{
  if (ColorBlendCombo != null)
    _colorShadeIndex = ColorBlendCombo.SelectedIndex;
}
    private void ColorBlendCombo_SelectionChanged1(object sender, SelectionChangedEventArgs e)
{
  if (ColorBlendCombo_npp != null)
    _colorShadeIndex1 = ColorBlendCombo_npp.SelectedIndex;
}
    private void ClassCountCombo_SelectionChanged(object sender, SelectionChangedEventArgs e)
{
  if (ClassCountCombo != null)
  {
    ComboBoxItem item = ClassCountCombo.SelectedItem as ComboBoxItem;
    _classCount = Convert.ToInt32(item.Content);
  }
}
```

```
private void FieldCombo_SelectionChanged(object sender, SelectionChangedEventArgs e)
{
   if (FieldCombo != null)
      _thematicListIndex = FieldCombo.SelectedIndex;
}

private void RenderButton_Click(object sender, RoutedEventArgs e)
{
   Legend1.IsOpen  = true ;
   SetRangeValues();
}

void Triangle_MouseLeftButtonUp(object sender, MouseButtonEventArgs e)
{
   FrameworkElement source = sender as FrameworkElement;

   switch (source.Name)
   {

      case "LegendExpandedTriangle":
      case "LegendCollapsedTriangle":
         if (_legendGridCollapsed)
         {
            LegendExpandedTriangle.Visibility = Visibility.Visible;
            LegendCollapsedTriangle.Visibility = Visibility.Collapsed;
            LegendCollapsedTitle.Visibility = Visibility.Collapsed;
            LegendGrid.Height = Double.NaN;
            LegendGrid.UpdateLayout();
         }
         else
         {
            LegendCollapsedTriangle.Visibility = Visibility.Visible;
            LegendExpandedTriangle.Visibility = Visibility.Collapsed;
            LegendCollapsedTitle.Visibility = Visibility.Visible;
            LegendGrid.Height = 50;
         }
         _legendGridCollapsed = !_legendGridCollapsed;
         break;
```

```
        }
    }

    private void ClearRenderButton_Click(object sender, RoutedEventArgs e)
    {
        //LegendGrid.Visibility = Visibility.Collapsed;
        Legend1.IsOpen = false ;
            GraphicsLayer graphicsLayer = Map.Layers["MySelectionGraphicsLayer"] as
GraphicsLayer;
        graphicsLayer.ClearGraphics();
    }
    #endregion
```

3.6.3 基于迈阿密模型的NPP预估模块

3.6.3.1 基于迈阿密模型的 NPP 预估模块内容

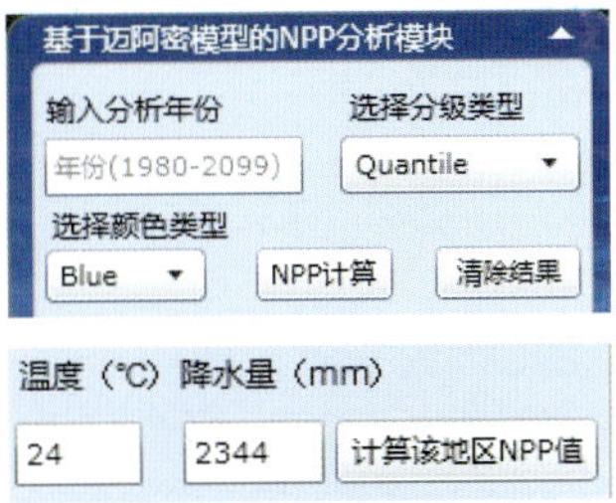

（1）基于迈阿密模型的 NPP 预估模块（可对全球 1980 ~ 2099 年的 NPP 进行分析及估算，图形显示该年的全球 NPP 分布情况，并给出图例说明）。

（2）任意地区 NPP 计算工具（根据迈阿密模型），即根据输入当地的年均温度（℃）和年降水量（mm），即可算出该地区的 NPP 值。

3.6.3.2 主要实现步骤

（1）在 Page.xmal 中添加 <Canvas> 标签作为模块的载体，分别是用 <TextBlock>、<ComboBox>、<Button> 控件实现该模块布局和显示。

（2）使用 <TextBlock> 作为 NPP 计算工具的输入控件。

3.6.3.3 基于迈阿密模型的 NPP 预估模块显示效果

（1）对 1980 年的 NPP 计算结果。

（2）NPP 计算工具 (以温度 23℃，降水 2344mm 为例)。

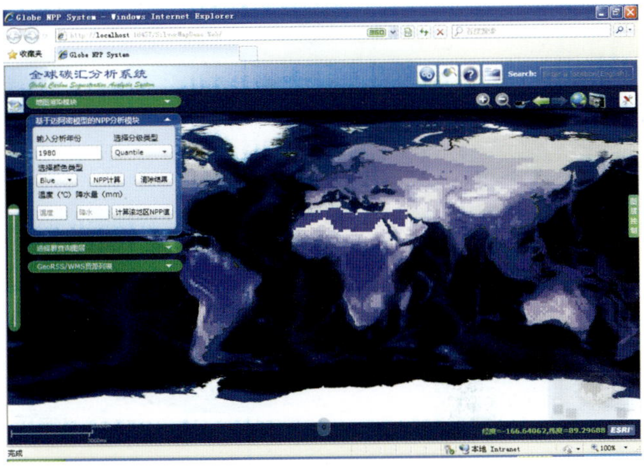

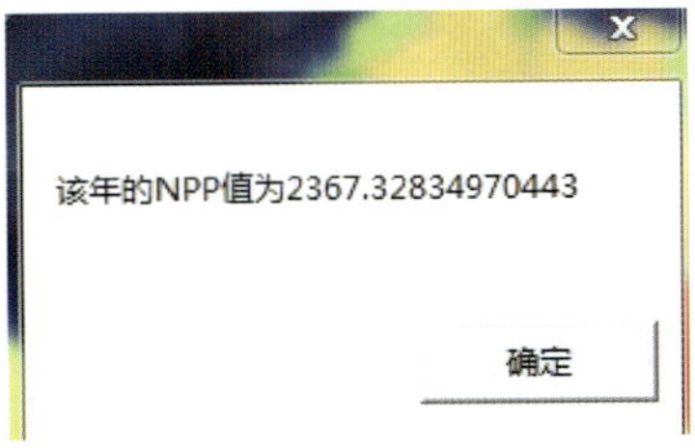

3.6.3.4 主要代码

```
#region NPP 渲染
    private void NPP_RenderButton_Click(object sender, RoutedEventArgs e)
    {
      InitializeLayer.Visibility = Visibility.Visible ;
      string input = Inputyear.Text;
      Regex r = new Regex(@"^\d+(\.)?\d*$");
      Regex r1 = new Regex(@"^([0-9]*)$");
      if (r.IsMatch(input) && r1.IsMatch(input))
      {

        if (int.Parse(input) >= 1980 & int.Parse(input) <= 2099)
        {
          RenderButton_npp.IsEnabled = false;
          year = "npp" + Inputyear.Text;
          ESRI.ArcGIS.Client.Tasks.Query query = new ESRI.ArcGIS.Client.Tasks.Query()
          {
            //Where = "1=1"
            Where = "GID_LAT > -60.93307"
          };
          //query.OutFields.Add("*");

          query.OutFields.AddRange(new string[] { year, "GID_LAT", "Shape", "FID" });
          QueryTask queryTask = new QueryTask("http://server/ArcGIS/rest/services/" +
            "NPPsystem/MapServer/7");
          queryTask.ExecuteCompleted += (evtsender, args) =>
          {
            if (args.FeatureSet == null)
              return;
            _featureSet1 = args.FeatureSet;
            SetRangeValues1();
            RenderButton_npp.IsEnabled = true;
            year = "";
          };
          // CreateThematicList();
           ThematicItemList1.Add(new ThematicItem() { Name = year, Description = " 该年
全球碳汇 NPP 数据 ", CalcField = "" });
          queryTask.ExecuteAsync(query);
        }
```

```
        else
        {
            InitializeLayer.Visibility = Visibility.Collapsed;
            MessageBox.Show(" 请输入 1980-2099 范围内年份 ");
            Inputyear.Text = "";
        }

    }
    else
    {
        InitializeLayer.Visibility = Visibility.Collapsed;
        MessageBox.Show(" 请输入 1980-2099 范围内年份 ");
        Inputyear.Text = "";
    }
}
private void SetRangeValues1()
{
    Legend1.IsOpen = true ;
        GraphicsLayer graphicsLayer = Map.Layers["MySelectionGraphicsLayer"] as
GraphicsLayer;

    if (_lastGeneratedClassCount1 != _classCount1) CreateColorList1();

    ThematicItem thematicItem = ThematicItemList1[_thematicListIndex1];

    bool useCalculatedValue = !string.IsNullOrEmpty(thematicItem.CalcField);
    List<double> valueList = new List<double>();
    for (int i = 0; i < _featureSet1.Features.Count; i++)
    {
        Graphic graphicFeature = _featureSet1.Features[i];
        double graphicValue = Convert.ToDouble(graphicFeature.Attributes[year]);
        string graphicName = graphicFeature.Attributes["FID"].ToString();

        if (useCalculatedValue)
        {
                double calcVal = Convert.ToDouble(graphicFeature.Attributes[thematicItem.
CalcField]);
            graphicValue = Math.Round(graphicValue / calcVal * 100, 2);
        }
```

```
                if (i == 0)
                {
                    thematicItem.Min = graphicValue;
                    thematicItem.Max = graphicValue;
                    thematicItem.MinName = graphicName;
                    thematicItem.MaxName = graphicName;
                }
                else
                {
                            if (graphicValue < thematicItem.Min) { thematicItem.Min = graphicValue;
thematicItem.MinName = graphicName; }
                            if (graphicValue > thematicItem.Max) { thematicItem.Max = graphicValue;
thematicItem.MaxName = graphicName; }
                }

                valueList.Add(graphicValue);
            }
            thematicItem.RangeStarts = new List<double>();
            double totalRange = thematicItem.Max - thematicItem.Min;
            double portion = totalRange / _classCount1;
            thematicItem.RangeStarts.Add(thematicItem.Min);
            double startRangeValue = thematicItem.Min;
            // Equal Interval
            if (_classType1 == 1)
            {
                for (int i = 1; i < _classCount1; i++)
                {
                    startRangeValue += portion;
                    thematicItem.RangeStarts.Add(startRangeValue);
                }
            }
            // Quantile
            else
            {
                IEnumerable<double> valueEnumerator =
                from aValue in valueList
                orderby aValue
                select aValue;
```

```
            int increment = Convert.ToInt32(Math.Ceiling(_featureSet1.Features.Count / _
classCount1));
        for (int i = increment; i < valueList.Count; i += increment)
        {
            double value = valueEnumerator.ElementAt(i);
            thematicItem.RangeStarts.Add(value);
        }
    }
    List<SolidColorBrush> brushList1 = ColorList1[_colorShadeIndex1];
    if (_featureSet1 != null && _featureSet1.Features.Count > 0)
    {
        // Clear previous graphic features
        graphicsLayer.ClearGraphics();

        for (int i = 0; i < _featureSet1.Features.Count; i++)
        {
            Graphic graphicFeature = _featureSet1.Features[i];

            double graphicValue = Convert.ToDouble(graphicFeature.Attributes[year]);
            if (useCalculatedValue)
            {
                    double calcVal = Convert.ToDouble(graphicFeature.Attributes[thematicItem.
CalcField]);
                graphicValue = Math.Round(graphicValue / calcVal * 100, 2);
            }

            int brushIndex = GetRangeIndex1(graphicValue, thematicItem.RangeStarts);

            SimpleFillSymbol symbol = new SimpleFillSymbol()
            {
                Fill = brushList1[brushIndex],
                BorderBrush = new SolidColorBrush(Colors.Transparent),
                BorderThickness = 1
            };

            Graphic graphic = new Graphic();
            graphic.Geometry = graphicFeature.Geometry;
            graphic.Attributes.Add("Name", graphicFeature.Attributes["FID"].ToString());
            graphic.Attributes.Add("Description", thematicItem.Description);
```

```
        graphic.Attributes.Add("Value", graphicValue.ToString());
        graphic.Symbol = symbol;

        graphicsLayer.Graphics.Add(graphic);
    }
    LegendStackPanel.Children.Clear();
    ListBox legendList = new ListBox();
  LegendTitle.Text = " 该年全球碳汇 NPP 数据 ";



    for (int c = 0; c < _classCount1; c++)
    {
        Rectangle swatchRect = new Rectangle()
        {
            Width = 20,
            Height = 20,
            Stroke = new SolidColorBrush(Colors.Black),
            Fill = brushList1[c]
        };

        TextBlock classTextBlock = new TextBlock();
// 分类
        if (c == 0)
            classTextBlock.Text = String.Format(" Less than {0}", Math.Round(thematicItem.
RangeStarts[1], 2));

        else if (c == _classCount1 - 1)
                classTextBlock.Text = String.Format(" {0} and above", Math.
Round(thematicItem.RangeStarts[c], 2));

        else
            classTextBlock.Text = String.Format(" {0} to {1}", Math.Round(thematicItem.
RangeStarts[c],2), Math.Round(thematicItem.RangeStarts[c + 1], 2));

        StackPanel classStackPanel = new StackPanel();
        classStackPanel.Orientation = Orientation.Horizontal;
        classStackPanel.Children.Add(swatchRect);
        classStackPanel.Children.Add(classTextBlock);
```

```
            legendList.Items.Add(classStackPanel);
        }

        TextBlock minTextBlock = new TextBlock();
        StackPanel minStackPanel = new StackPanel();
        minStackPanel.Orientation = Orientation.Horizontal;
        minTextBlock.Text = String.Format("Min: {0} ({1})", thematicItem.Min, thematicItem.MinName);
        minStackPanel.Children.Add(minTextBlock);
        legendList.Items.Add(minStackPanel);

        TextBlock maxTextBlock = new TextBlock();
        StackPanel maxStackPanel = new StackPanel();
        maxStackPanel.Orientation = Orientation.Horizontal;
        maxTextBlock.Text = String.Format("Max: {0} ({1})", thematicItem.Max, thematicItem.MaxName);
        maxStackPanel.Children.Add(maxTextBlock);
        legendList.Items.Add(maxStackPanel);

        LegendStackPanel.Children.Add(legendList);
        InitializeLayer.Visibility = Visibility.Collapsed;
    }
}
#endregion
```

3.6.4 GeoRSS资源/WMS网络资源模块

3.6.4.1 GeoRSS 资源内容

（1）GeoRSS 资源功能，提供显示最近全球发生地震信息的区域。

（2）WMS 网络资源服务功能，提供一些国外网站推出的 WMS 服务，能提供显示一些全球的科研数据信息。

3.6.4.2 主要实现步骤

（1）在 Page.xmal 添加 <local:LayerCheckBox> 标签作为开 / 关近期全球地震控件，并以 <local:GeoRssLayer.Symbol>,<local:GeoRssLayer.MapTip> 标签以图片和提示框显示结果 .

（2）添加 <local:LayerCheckBox> 标签作为开 / 关 WMS 网络资源的控件，以 <ComboBox> 标签进行 WMS 资源的选择。

3.6.4.3 GeoRSS 资源 /WMS 网络资源模块显示效果

（1）GeoRSS 资源功能，如显示智利发生 8.8 级地震，并适时更新。

（2）WMS 网络资源服务功能，如显示全球云层数据。

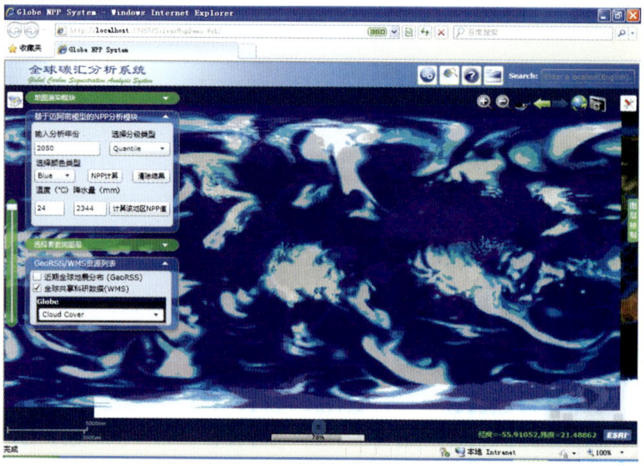

3.6.4.3 主要代码

```
#region GeoRssLayer.cs 中主要代码
using System;
using System.Windows;
using ESRI.ArcGIS.Client;
using ESRI.ArcGIS.Client.Symbols;

namespace ESRI.ArcGIS.Samples
{
    public class GeoRssLayer : GraphicsLayer
    {
            ESRI.ArcGIS.Samples.GeoRss.GeoRssLoader loader;

        #region Constructor:
        public GeoRssLayer() : base()
        {
                loader = new ESRI.ArcGIS.Samples.GeoRss.GeoRssLoader();
                loader.LoadCompleted += loader_LoadCompleted;
                loader.LoadFailed += loader_LoadFailed;
        }

            private void loader_LoadFailed(object sender, ESRI.ArcGIS.Samples.GeoRss.GeoRssLoader.RssLoadFailedEventArgs e)
            {
                this.InitializationFailure = e.ex;
                if (!IsInitialized)
```

```
                base.Initialize();
        }

        private void loader_LoadCompleted(object sender, ESRI.ArcGIS.Samples.GeoRss.
GeoRssLoader.RssLoadedEventArgs e)
        {
            this.Graphics.Clear();
            foreach (Graphic g in e.Graphics)
            {
                g.Symbol = Symbol;
                this.Graphics.Add(g);
            }
            if(!IsInitialized)
                base.Initialize();
        }
    #endregion

    public override void Initialize()
    {
      Update();
    }

    #region 依赖项属性：
     public MarkerSymbol Symbol
    {
            get { return (MarkerSymbol)GetValue(SymbolProperty); }
      set { SetValue(SymbolProperty, value); }
    }
    public static readonly DependencyProperty SymbolProperty =
            DependencyProperty.Register("Symbol", typeof(MarkerSymbol),
typeof(GeoRssLayer), null);

    //RSS 的 URL 种子
        public Uri Source
    {
            get { return ((Uri)GetValue(SourceProperty)); }
            set { SetValue(SourceProperty, value); }
    }
```

```
            public static readonly DependencyProperty SourceProperty =
                                    DependencyProperty.Register("Source", typeof(Uri), typeof(GeoRssLayer),
null);

            #endregion

                    public void Update()
                    {
                            if (Source != null)
                            {
                                    loader.LoadRss(Source, null);
                            }
                    }
            }
        }
```

3.7 图层控制

3.7.1 图层控制内容

（1）图层控制区，实现对点、线、面图层及底图的不同控制方法。

（2）图例显示区，实现点击图层列表的任意空白区翻转效果实现对图例的切换。

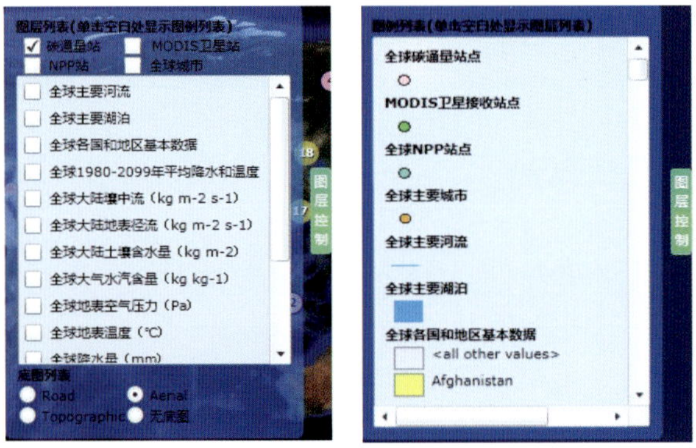

3.7.2 主要实现步骤

（1）在 Page.xmal 中添加 <Grid> 标签作为图层控制区和图例显示区容器，用两个 <StackPanel> 控件分别作为两者的载体，分别以正反两面显示，并实现翻转效果。

（2）设计 <samples:LegendControl> 标签作为具体加载图例的控件。

3.7.3 主要代码

```
private ESRI.ArcGIS.Client.ArcGISDynamicMapServiceLayer DynamicLayer;
/// <summary>
/// 动态图层初始化完成时
```

```
/// </summary>
/// <param name="sender"></param>
/// <param name="e"></param>
private void ArcGISDynamicMapServiceLayer_Initialized(object sender, EventArgs e)
{
    DynamicLayer = Map.Layers["DynamicLayer"] as ArcGISDynamicMapServiceLayer;
    if (DynamicLayer == null)
        throw (new Exception(" 动态图层不正确 "));
    LayerVisibilityListBox.ItemsSource = BindingLayerList();

}


/// <summary>
/// 绑定图层
/// </summary>
private List<LayerListData> BindingLayerList()
{
    List<LayerListData> LayerList = new List<LayerListData>();
    List<int> visibleLayerList = new List<int>();

    foreach (LayerInfo Layer in DynamicLayer.Layers)
    {
        if (Layer.ID > 3)
        {
            LayerListData Ldata = new LayerListData()
            {

                LayerIndex = Layer.ID,
                LayerName = Layer.Name,
                Visible = Layer.DefaultVisibility,
            };

        // 如果图层可见，把它加入到可见图层列表中
        if (Layer.DefaultVisibility)
            visibleLayerList.Add(Layer.ID);
                Ldata.PropertyChanged += new PropertyChangedEventHandler(Ldata_
PropertyChanged);
        LayerList.Add(Ldata);
```

```
        }
    }
    DynamicLayer.VisibleLayers = visibleLayerList.ToArray();
    return LayerList;
}
/// <summary>
/// 属性发生改变时
/// </summary>
/// <param name="sender"></param>
/// <param name="e"></param>
void Ldata_PropertyChanged(object sender, PropertyChangedEventArgs e)
{
    if (e.PropertyName.Trim() != "Visible")
        return;
    LayerListData LData = sender as LayerListData;
    int layerIndex = LData.LayerIndex;
    Boolean visible = LData.Visible;

    // 得到可见图层列表
    List<int> visibleLayerList =
      DynamicLayer.VisibleLayers != null
      ? DynamicLayer.VisibleLayers.ToList() : new List<int>();

    // 设置可见图层列表中的内容，并将其赋值给 DynamicLayer.VisibleLayers
    if (visible)
    {
        if (!visibleLayerList.Contains(layerIndex))
            visibleLayerList.Add(layerIndex);
    }
    else
    {
        if (visibleLayerList.Contains(layerIndex))
            visibleLayerList.Remove(layerIndex);
    }
    DynamicLayer.VisibleLayers = visibleLayerList.ToArray();

}

private void Layerlistbutton(object sender, RoutedEventArgs e)
```

```
    {
        if (layerlist.Visibility == Visibility.Collapsed)
        {
            layerlist.Visibility = Visibility.Visible;
            layerlist.HorizontalAlignment = HorizontalAlignment.Stretch;
            layerlist.VerticalAlignment = VerticalAlignment.Top;

        }
        else { layerlist.Visibility = Visibility.Collapsed; }

    }
    #endregion
    // 图例列表功能
    private void legend_Loading(object sender, EventArgs e)
    {
        legendView.Visibility = Visibility.Collapsed;
    }
    private void legend_LoadCompleted(object sender, EventArgs e)
    {
        legendView.Visibility = Visibility.Visible;
    }
    // 图例列表功能结束
// 在 Legend.xmal.cs 中实现图例具体代码编写
using System;
using System.Collections.Generic;
using System.Linq;
using System.Net;
using System.Windows;
using System.Windows.Controls;
using System.Windows.Documents;
using System.Windows.Input;
using System.Windows.Media;
using System.Windows.Media.Animation;
using System.Windows.Shapes;

namespace ESRI.ArcGIS.Client.Samples
{
   public partial class LegendControl  : UserControl
   {
```

```
        WebClient currentRequest;
        /// <summary>
        /// 初始化 <see cref="LegendControl"/> class.
        /// </summary>
        public LegendControl()
        {
            InitializeComponent();
            DataContext = this;
        }

        private void LoadLegend()
        {
            if (!string.IsNullOrEmpty(MapServiceSoapUrl) && !string.IsNullOrEmpty
(LegendServiceUrl))
            {
                if (currentRequest != null)
                {
                    currentRequest.OpenReadCompleted -=
downloadLegendJsonCompleted;
                    if (currentRequest.IsBusy) currentRequest.
CancelAsync();
                }

                currentRequest = new WebClient();
                currentRequest.OpenReadCompleted +=
downloadLegendJsonCompleted;
                Uri uri = new Uri(string.Format("{0}?soapUrl={1}&f=json",this.
LegendServiceUrl, this.MapServiceSoapUrl, UriKind.Absolute));
                currentRequest.OpenReadAsync(uri);
                if (Loading != null)
                    Dispatcher.BeginInvoke(Loading, new object[] { this,
EventArgs.Empty });
            }
            else
            {
                Layers = null;
            }
        }
```

```
private void downloadLegendJsonCompleted(object sender, OpenReadCompletedEventArgs e)
{
    if (sender != currentRequest) return;
    System.Runtime.Serialization.Json.DataContractJsonSerializer s = new System.Runtime.Serialization.Json.DataContractJsonSerializer(typeof(Legends));
    Legends layers = s.ReadObject(e.Result) as Legends;
    this.Layers = layers;
    if (LoadCompleted != null)
        Dispatcher.BeginInvoke(LoadCompleted, new object[] { this, EventArgs.Empty });
}

#region 引用 Properties


public string LegendServiceUrl
{
    get { return (string)GetValue(LegendServiceUrlProperty); }
    set { SetValue(LegendServiceUrlProperty, value); }
}


public static readonly DependencyProperty LegendServiceUrlProperty =
    DependencyProperty.Register("LegendServiceUrl", typeof(string), typeof(LegendControl), new PropertyMetadata(OnMapServiceSoapUrlPropertyChanged));



public string MapServiceSoapUrl
{
    get { return (string)GetValue(MapServiceSoapUrlProperty); }
    set { SetValue(MapServiceSoapUrlProperty, value); }
}


public static readonly DependencyProperty MapServiceSoapUrlProperty =
    DependencyProperty.Register("MapServiceSoapUrl", typeof(string), typeof(LegendControl), new PropertyMetadata(OnMapServiceSoapUrlPropertyChanged));
```

```
        private static void OnMapServiceSoapUrlPropertyChanged(DependencyObject d, DependencyPropertyChangedEventArgs e)
        {
            LegendControl obj = (LegendControl)d;
            obj.LoadLegend();
        }


        public Legends Layers
        {
            get { return (Legends)GetValue(LayersProperty); }
            set { SetValue(LayersProperty, value); }
        }


        public static readonly DependencyProperty LayersProperty =
            DependencyProperty.Register("Layers", typeof(Legends), typeof(LegendControl), null);

        #endregion

        #region Events
        public event EventHandler Loading;
        public event EventHandler LoadCompleted;
        #endregion
    }
}
```

3.8 技术支持

3.8.1 帮助信息

按钮显示窗口：

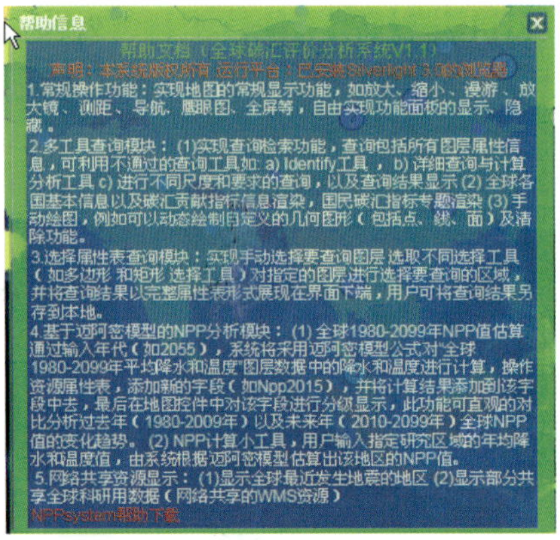

3.8.2 联系我们

按钮显示窗口：

3.8.3 用户手册

GCSAS 软件

用户手册

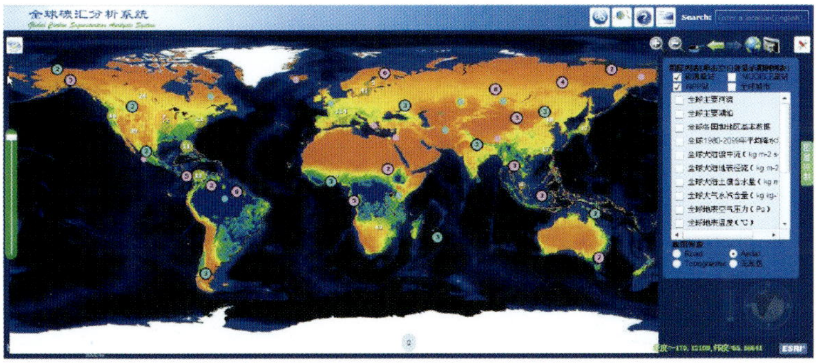

4 系统特点

4.1 支持多类型、多分辨率海量数据的一体化管理

由于信息来源多种多样，数据类型丰富，信息量大，该系统采用了矢量数据和栅格数据混合管理的数据结构，二者可以相互独立存在，栅格数据也可作为矢量数据的属性，以适应不同情况下的要求。

4.2 真正意义上的海量数据大范围实时漫游

通常认为实现海量数据大范围实时漫游需要三个指标：一是要保证当前显示范围内的数据精度应和原始数据的精度一致，而不能进行抽取和简化的操作；二是数据量的大小只和存储设备（如硬盘）有关，而不能和其他的计算机部件比如内存、显卡有关；三是应在普通的 PC 机上能实现流畅的漫游，而不能使用高档的计算机。从这三个指标来看，目前许多软件均宣称能实现海量数据的实时漫游，实际并非真正意义上的大范围漫游。而 GCSAS 软件系统在数据模型和数据组织策略方面实现了数据的动态装载和渐进描绘，能较好地解决了对海量数据的大范围多尺度漫游问题。

4.3 构建在空间数据模型上的查询分析功能

该系统通过在屏幕上画点、线或面来查询关注位置的属性信息从而进行空间数据分析与决策应用支持。

4.4 聚合显示图层上点

图层上全球 NPP 站点、全球碳通量站点等点图层的显示不会因为地图的缩小或全屏显示而累叠到一起，而是聚合为一个点，并在点的中央显示聚合点的个数，从而保持界面的整洁美观。

4.5 实现全球未来 100 年（1980 ～ 2099 年）NPP 预测

本系统实现了全球对未来 100 年 NPP 的预测，并根据用户需求绘制特色的地图，具有良好的显示效果，为相关科研人员提供数据支持。并开发基于 Miami 模型的 NPP 计算小工具。

4.6 实现全球各国碳汇指标分析

根据全球各国碳汇指标数据（如蔬菜、肉类、牛奶、鸡蛋、木头、纸张和纤维制品等指标），实现对每个指标的渲染分析，根据用户需求可分级，以不同的渲染方式（有按密度和按等均）显示，并实现对全球各国碳汇指标的专题图（饼图）绘制及 Maptips 显示。

4.7 整合基于网络共享的 GeoRSS 和 WMS 资源

本系统整合了美国地质局(United States Geological Survey)发布的地震信息的GeoRSS资源，利用该资源整合到本系统中，实现全球地震数据的实时显示。收集全球范围内一些科研机构发布的 WMS 数据，也为本系统用户提供丰富强大的地理、气象、农林、生态、水文等方面的研究数据。

5 系统应用

5.1 全球碳汇分析系统常规应用举例

（1）浏览全球分布的碳通量站点并用 Maptips 显示相应属性信息。当鼠标接触点簇时，点簇动态打开，当鼠标接近其中的一点时，会自动显示该点的属性信息。例如：下图中显示了位于西班牙的碳通量站点的站点名称、所属国家、植被类型、平均温度、平均降水和站点海拔信息。

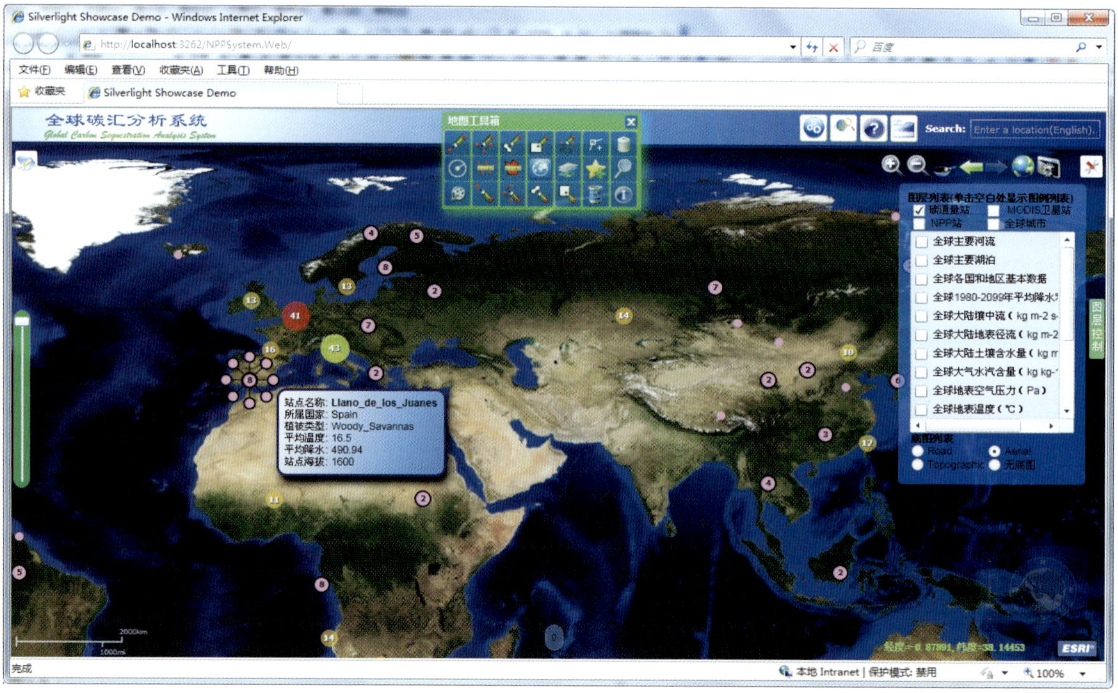

浏览全球分布的碳通量站点并用Maptips显示相应属性信息

（2）对碳通量站点进行多边形选择方式属性查询及查询结果显示。点击地图工具箱的多边形选择工具在主界面画随意形状的多边形选择进行选择区域，并对该区域内的所有碳通量站点的属性进行查询显示。

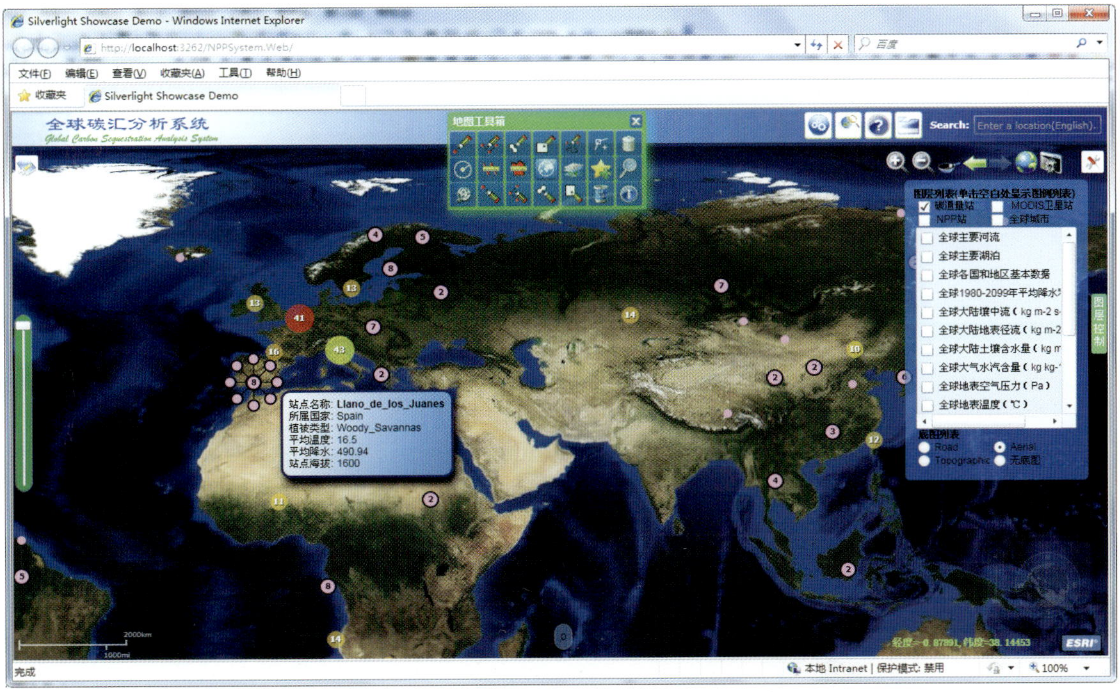

对碳通量站点进行多边形选择方式属性查询及查询结果显示

(3) MODIS 接收站点浏览及信息显示。例如：下图中显示了位于西班牙的 MODIS 站点的站点名称、所属国家、植被类型、平均温度、平均降水和站点海拔信息。

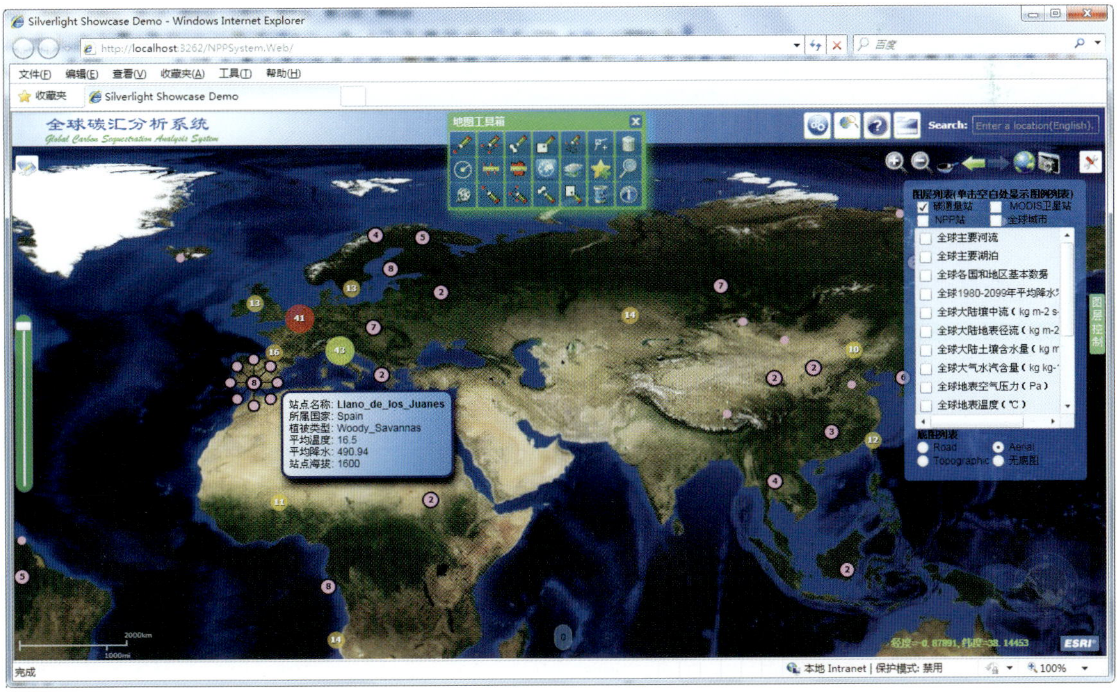

浏览全球分布的MODIS接收站并用Maptips显示相应属性信息

（4）MODIS 接收站点进行多边形选择方式属性查询及查询结果显示。例如：对位于西班牙的所有 MODIS 站点的属性进行查询显示。

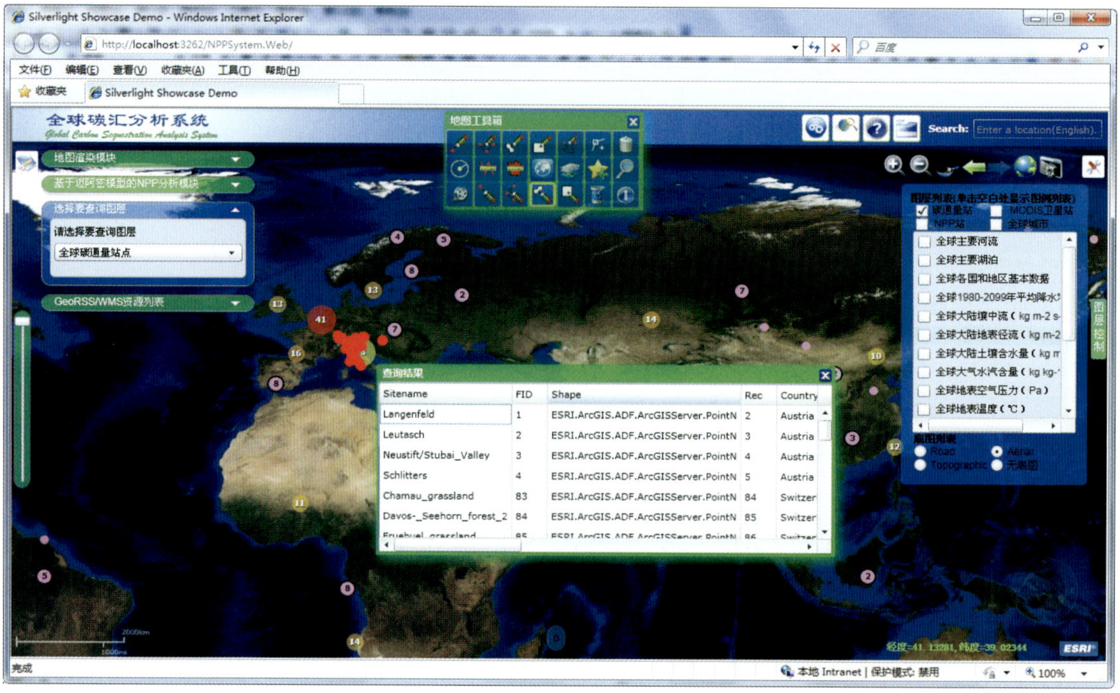

对MODIS接收站点进行多边形选择方式属性查询及查询结果显示

（5）NPP 站点浏览及信息显示。例如：下图中显示了位于瑞典的 NPP 站点的站点名称、所属国家和植被类型信息。

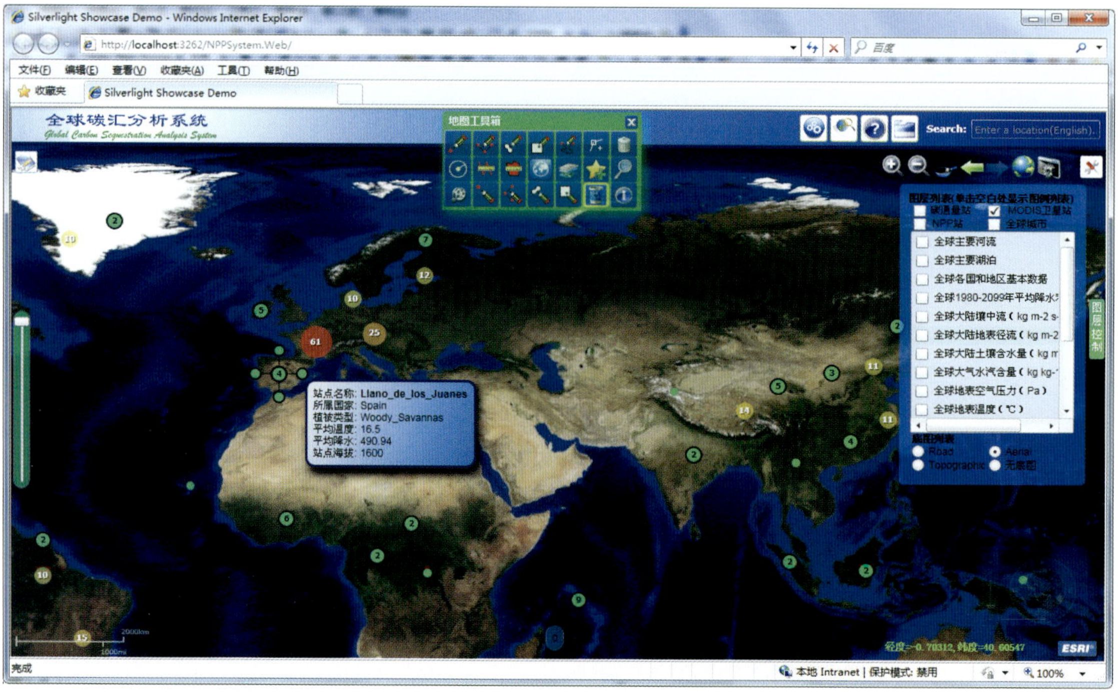

浏览全球分布的NPP站点并用Maptips显示相应属性信息

（6）NPP 站点进行多边形选择方式属性查询及查询结果显示。例如：对位于芬兰和瑞典的所有 NPP 站点的属性进行查询显示。

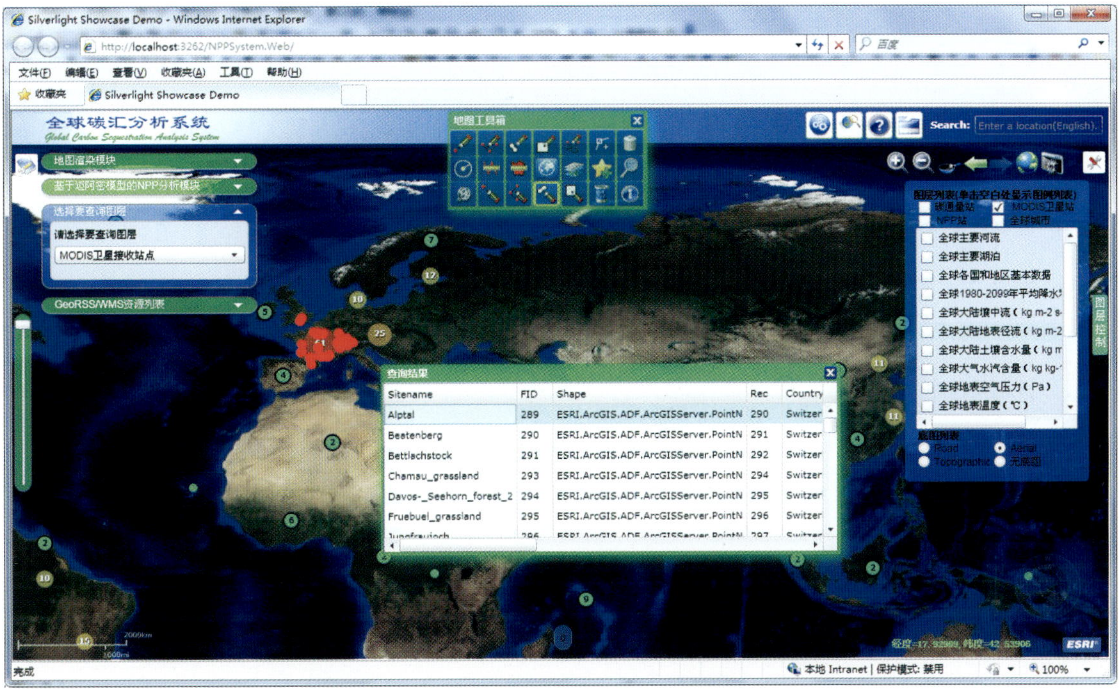

对NPP站点进行多边形选择方式属性查询及查询结果显示

（7）对全球陆地在 1980 ~ 2099 年的潜在 NPP 值进行查询并做渲染分级显示（以 2055 年为例）。

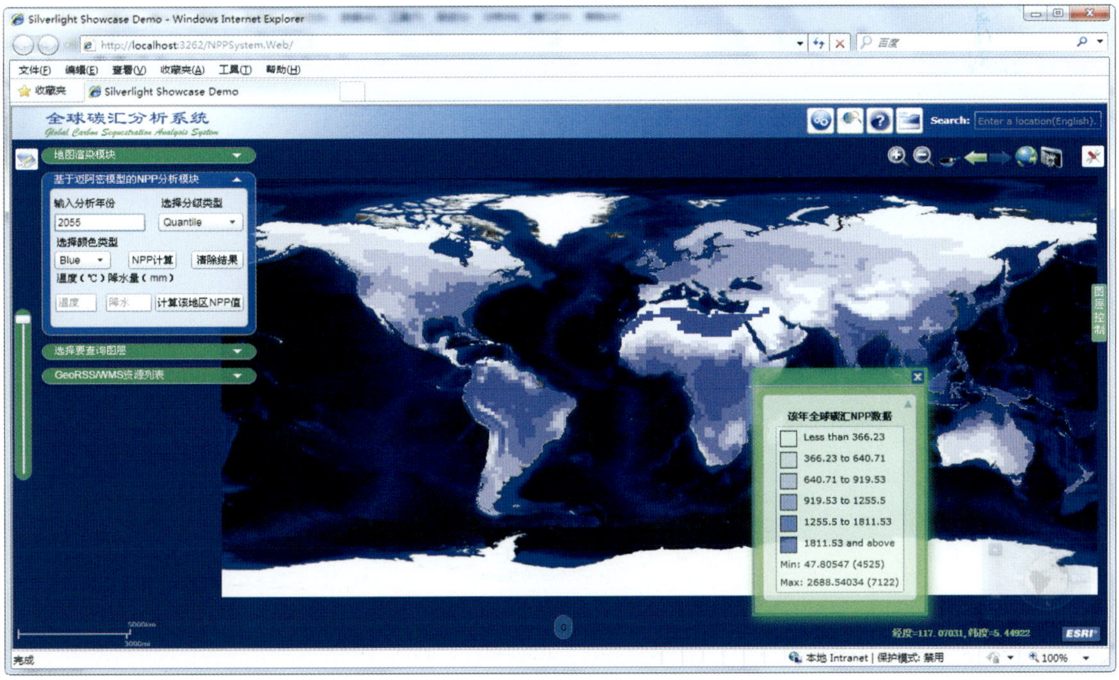

2055年全球NPP渲染结果

（8）根据某一地方的年均温度和降水值，运用该系统得到该地方潜在 NPP 大小。例如：输入年均温度 23℃，年均降水 2000mm。

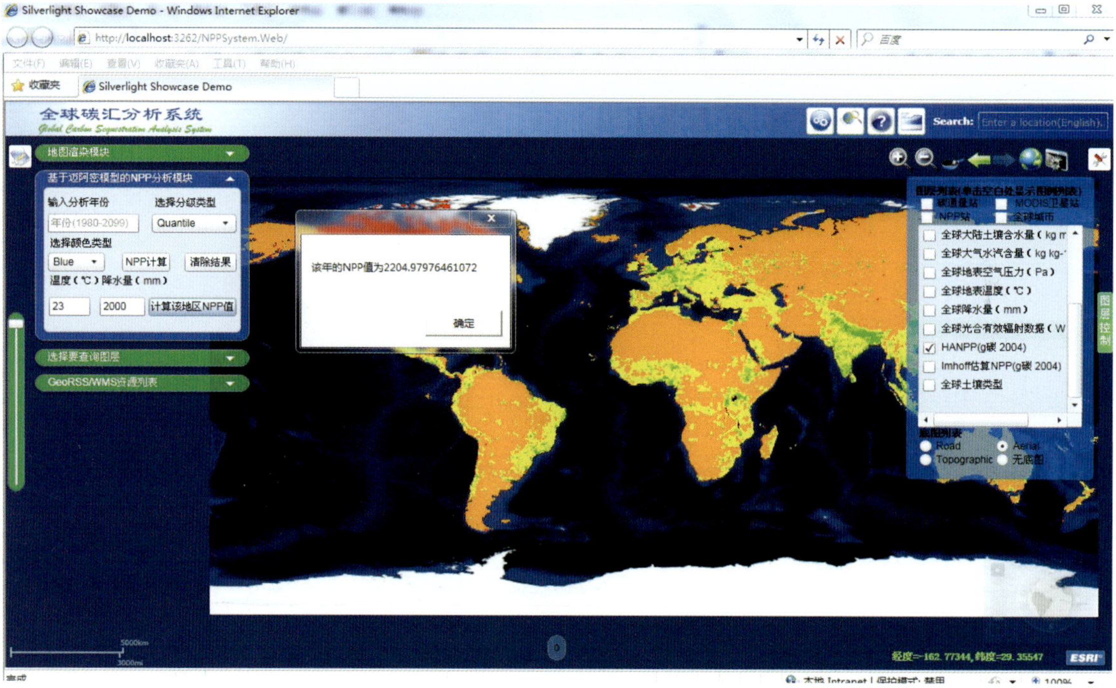

基于Miami模型的NPP结果显示

（9）显示由 Imhoff 等测算的全球陆地碳汇值。

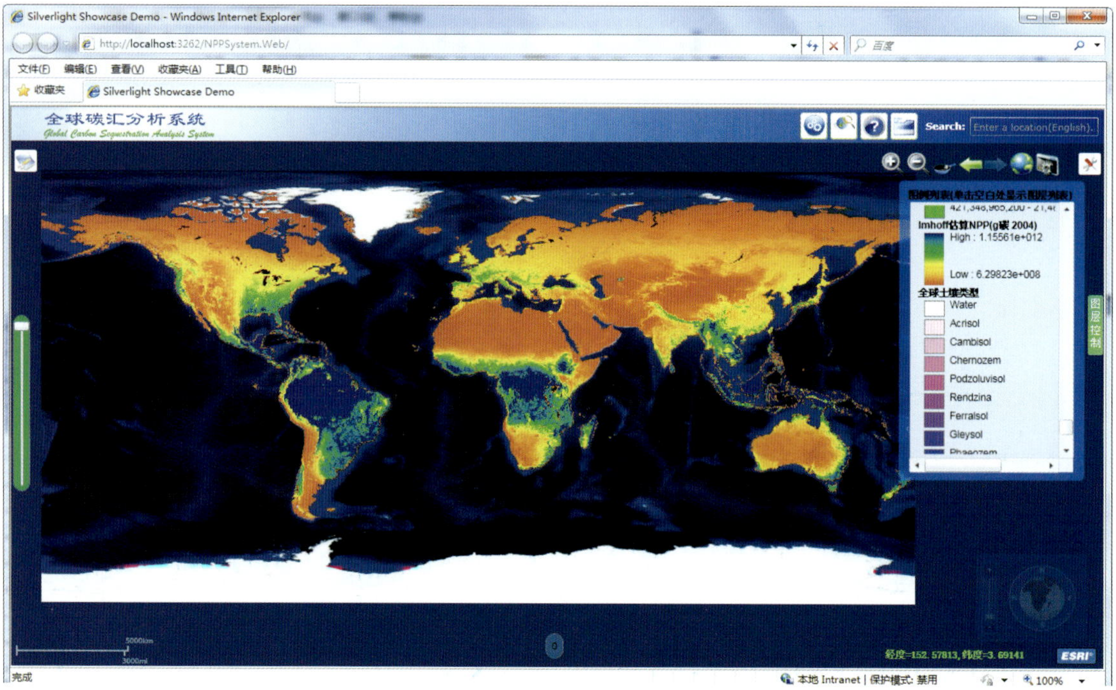

Imhoff等模拟的全球NPP值

（10）对全球各国碳汇指标进行分级渲染。例如：以全球各国木材消耗量为例。

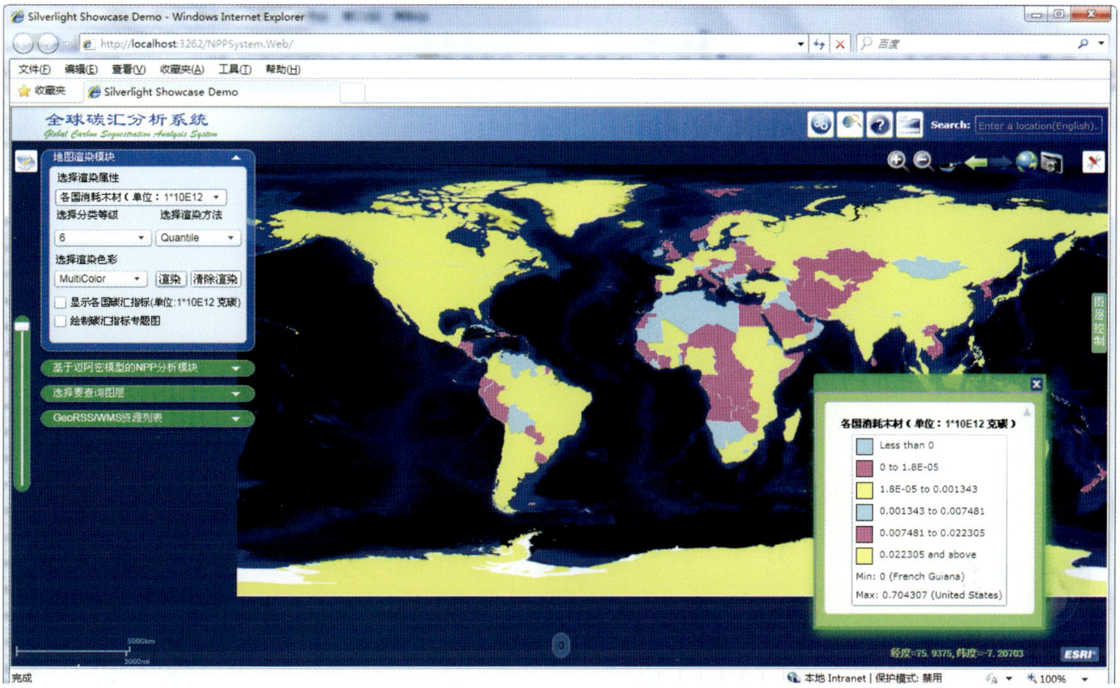

全球各国木材消耗量（折算成碳）的分级渲染

（11）查询全球各国人民消耗的碳，并在世界地图的各国具体位置分类显示结果。

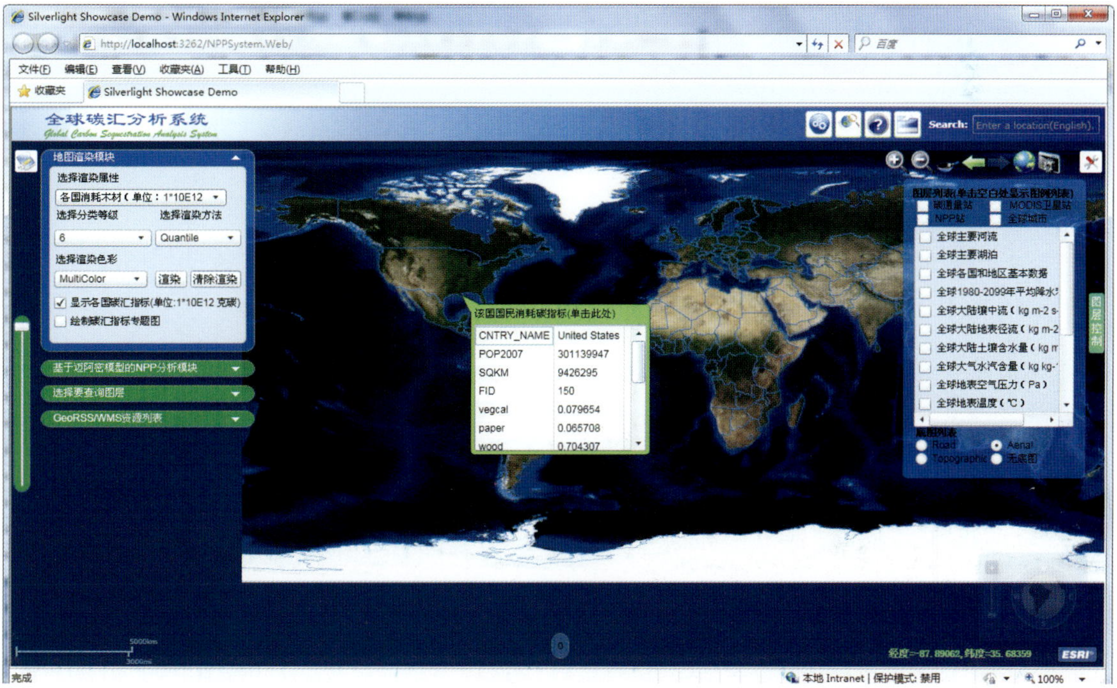

全球各国消耗的碳（分类显示）

（12）查询全球各国人民消耗的碳，并以饼图的形式在世界地图的各国具体位置分类显示结果。

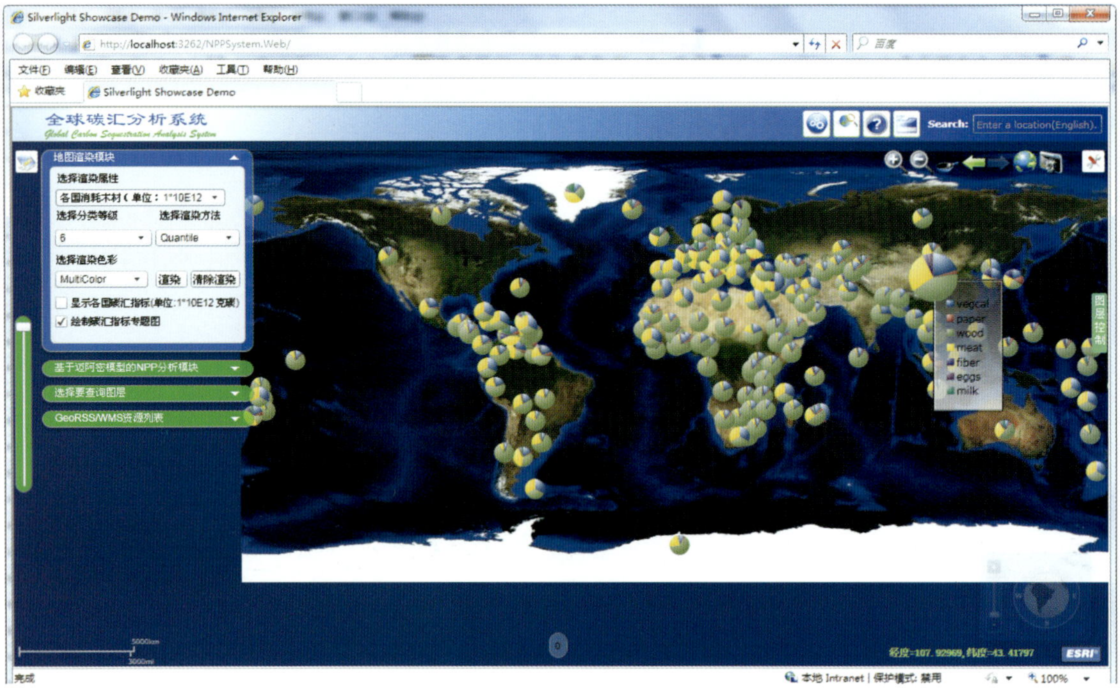

全球各国消耗的碳（饼图显示）

（13）浏览与碳汇相关的图层信息，例如：1999 全球降水量。

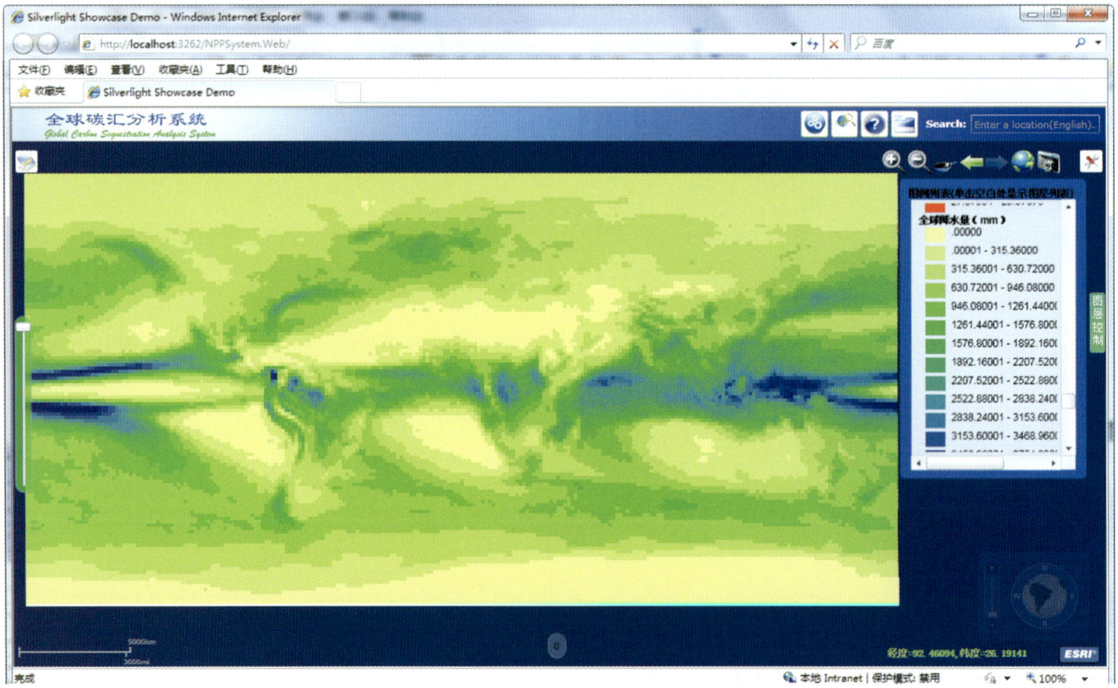

1999年全球降水量分布

（14）1999 年全球大陆壤中流。

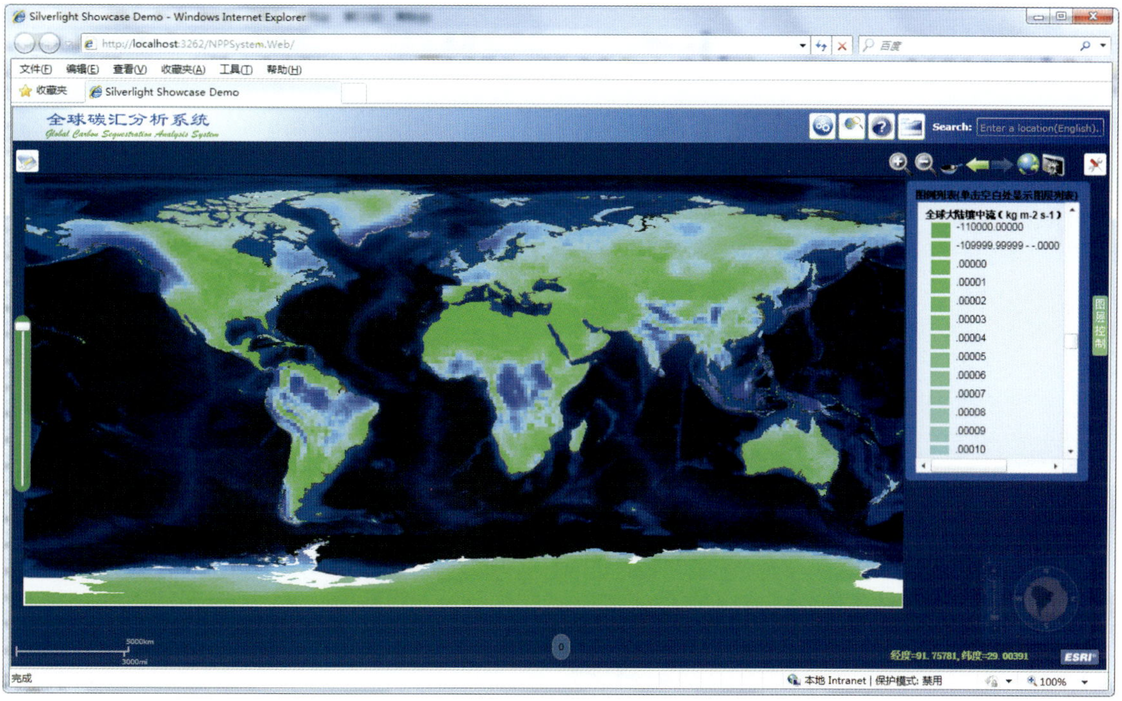

1999年全球壤中流

（15）1999 年全球大陆地表径流。

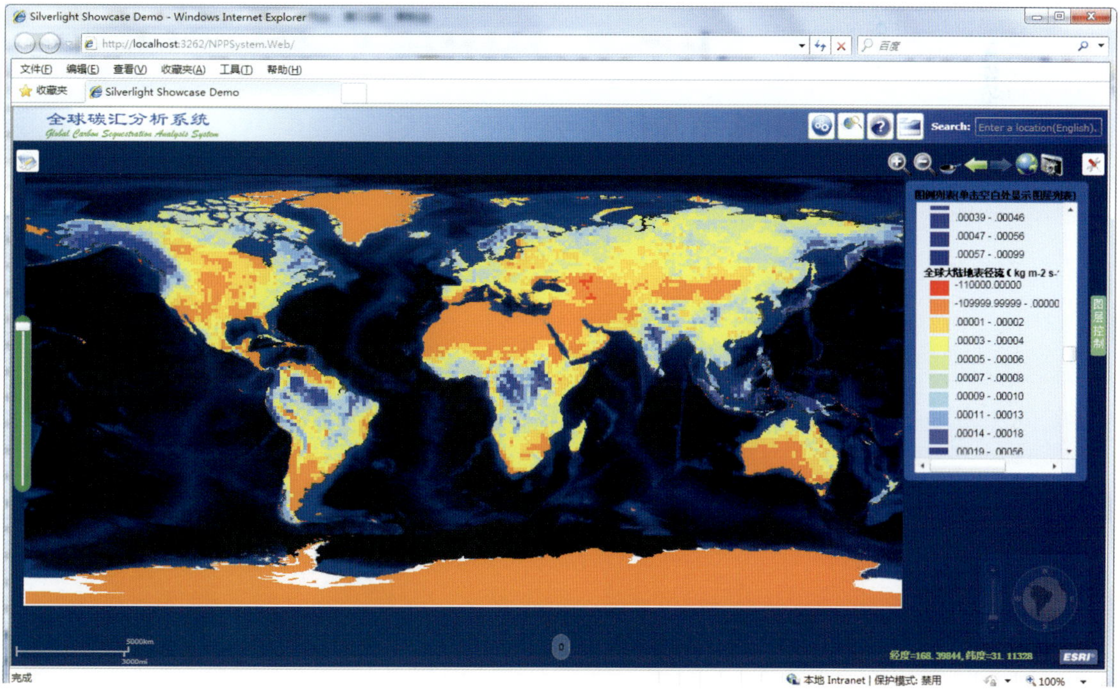

1999年全球大陆地表径流

（16）1999 年全球大陆土壤含水量。

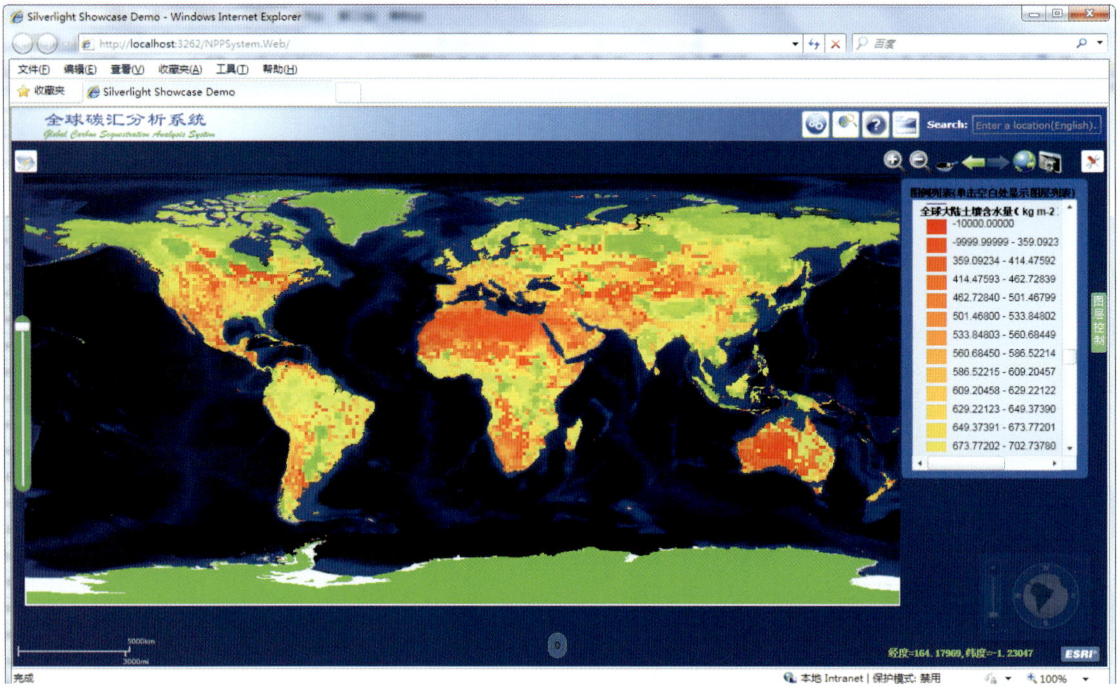

1999年全球大陆土壤含水量

（17）1999 年全球大气水汽含量。

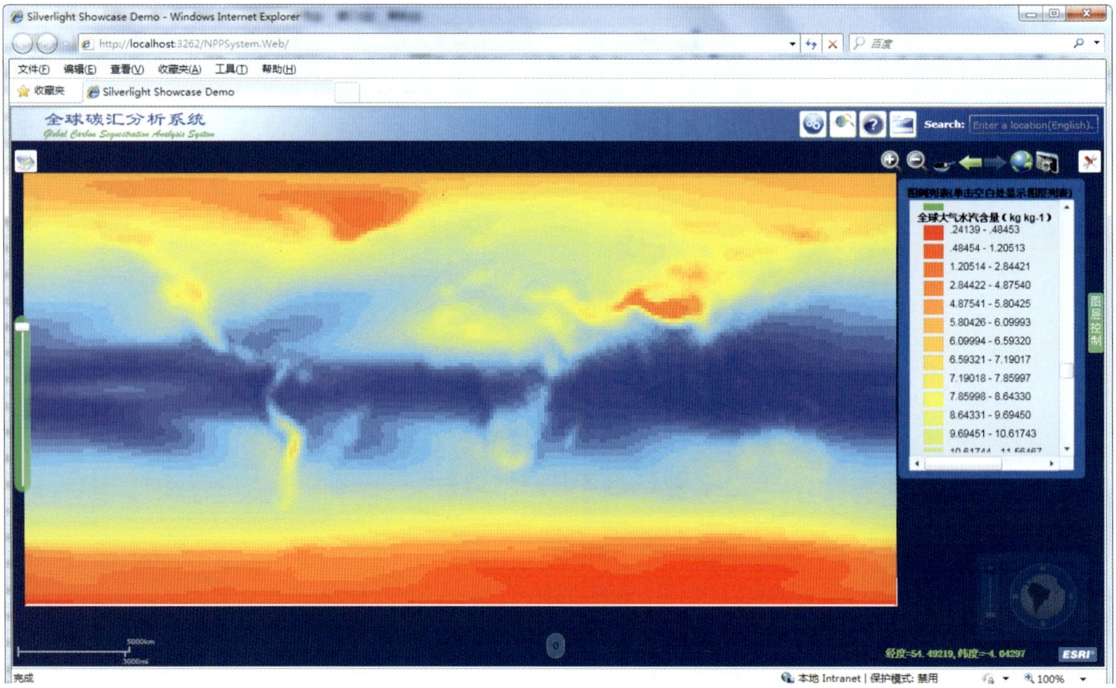

1999年全球大气水汽含量

（18）1999 年全球地表空气压力。

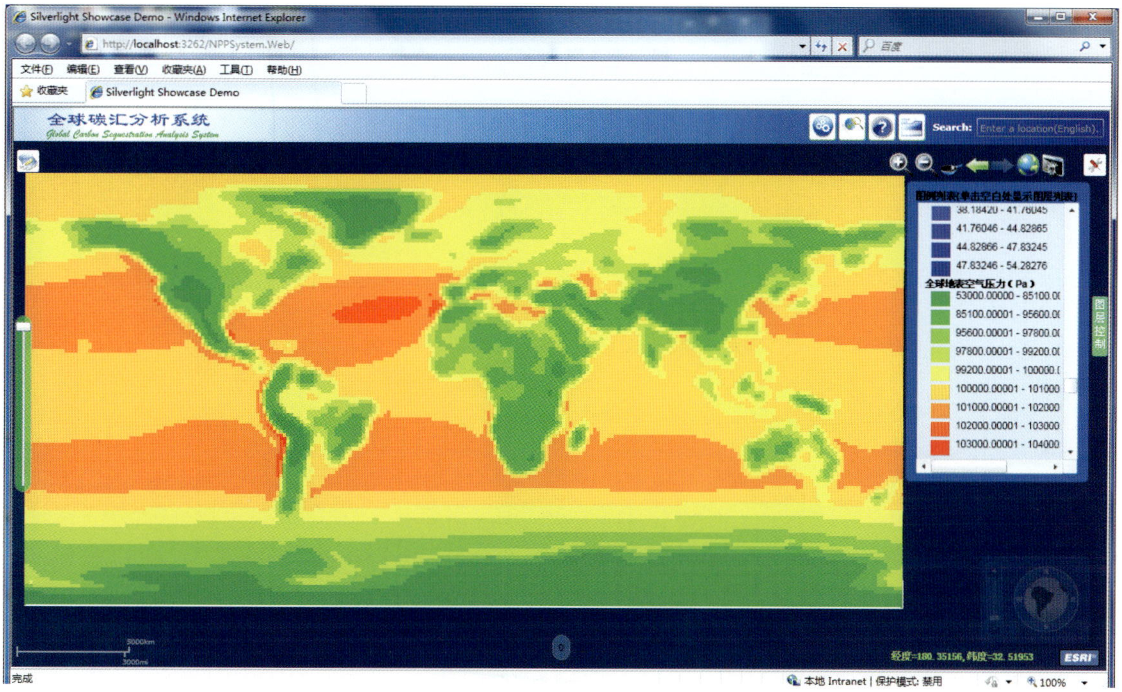

1999年全球地表空气压力

（19）1999 年全球地表温度。

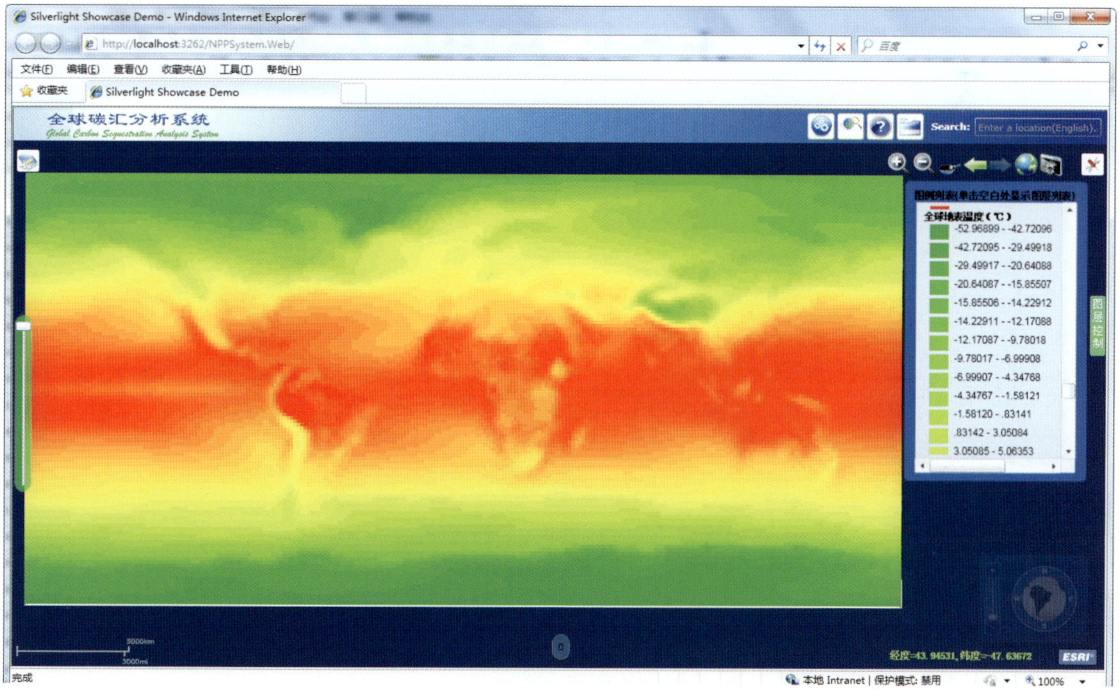

1999年全球地表温度

（20）1999 全球光合有效辐射数据。

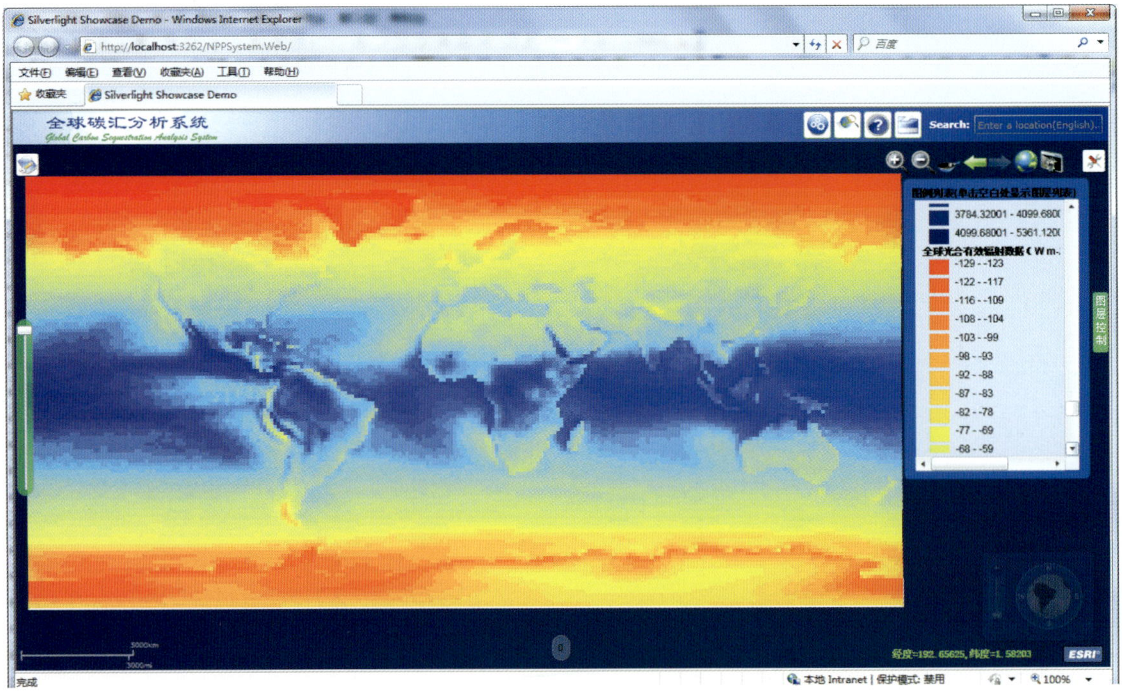

1999年全球光合有效辐射数据

（21）全球土壤类型数据。

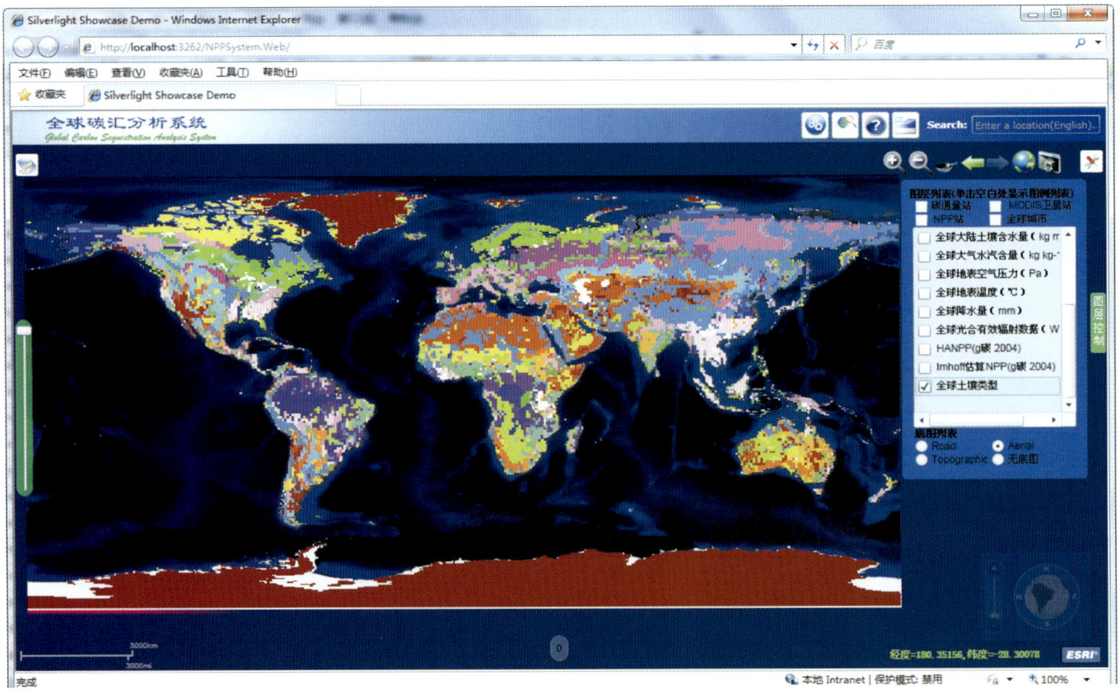

全球土壤类型数据

（22）网络地图服务（WMS）数据。例如：美国流域。

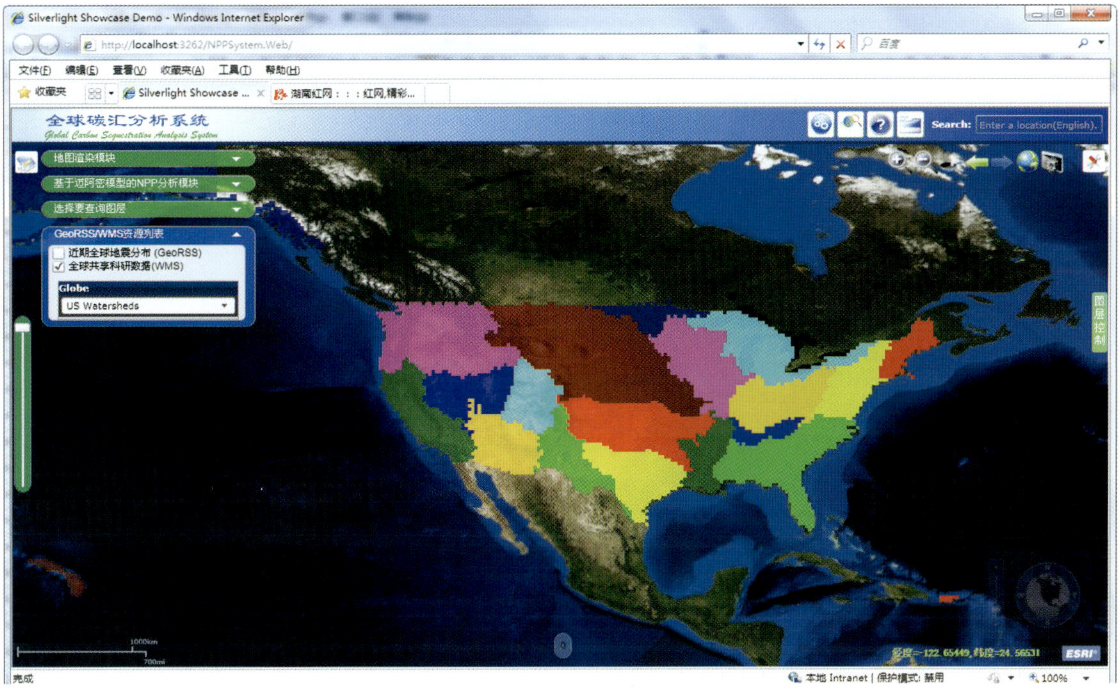

显示美国流域划分图

（23）地理源（GeoRSS）数据。例如：全球地震实时信息。

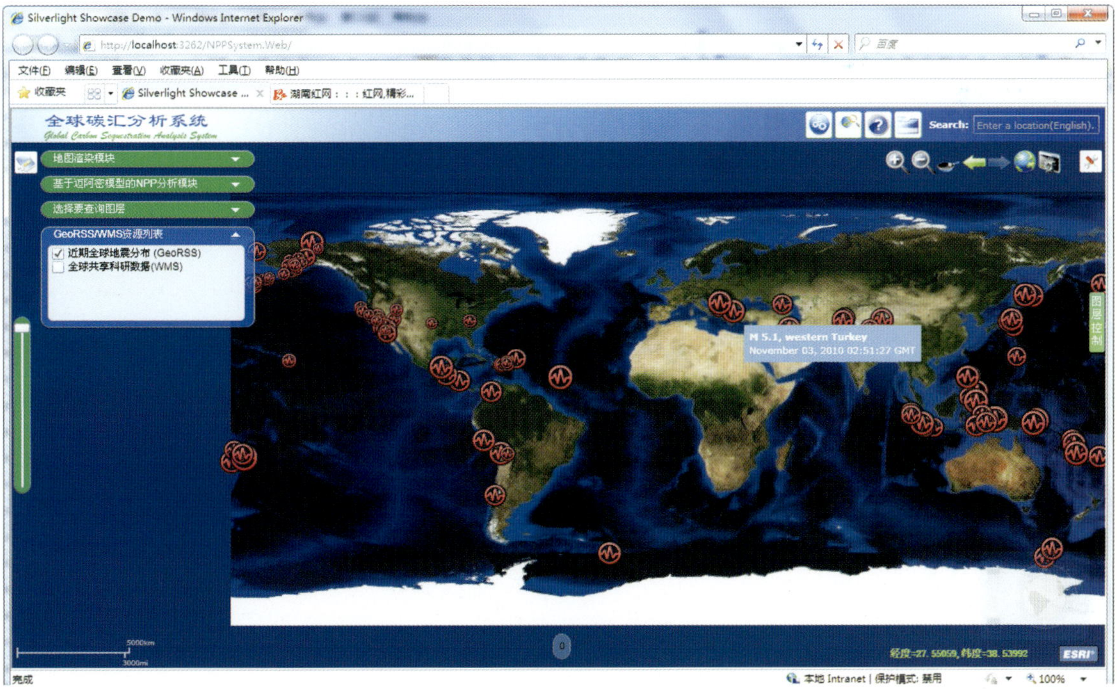

显示全球地震实时数据

5.2 全球碳汇分析系统在典型气候区的测试举例

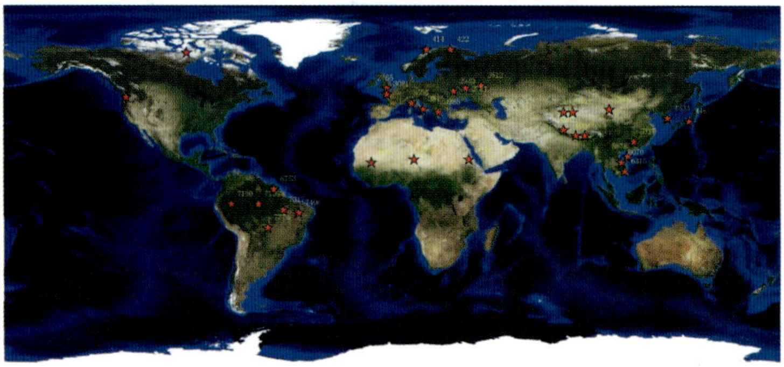

全球陆地碳汇分析系统各气候带和气候区随机测试点的分布图

测试点的详细描述表

气候带	气候区	代号	描述	举例	地点代号	D1	D2	D3
热带气候带年平均温度20°C以上	热带雨林气候区	RY	在赤道附近，全年都高温多雨，林木非常茂盛，例如南美洲的亚马孙盆地	南美洲亚马逊	RY1 RY2 RY3	7130	7139	6753
	热带莽原气候区	RM	位于雨林区的外围，夏季多雨而冬季干旱，干湿季节分明，只能生长稀疏的灌木（体型较矮小的树木），例如南美洲的巴西高原	南美洲巴西	RM1 RM2 RM3	7317	7406	7776
	热带沙漠气候区	RS	热带气候带里有些地方终年高温少雨，寸草不生，形成水源缺乏的沙漠景观，例如非洲的撒哈拉沙漠	非洲撒哈拉	RS1 RS2 RS3	6008	5931	5949
	热带季风气候区	RJ	亚洲南部因为受季风影响，夏天吹西南风且雨量多，冬天吹东北风而雨量少，例如中国台湾、中南半岛和印度半岛	越南中南半岛 海南岛	RJ1 RJ2 RJ3	6315	6070	5878
温带气候带年平均温度在0～20°C	温带季风气候区	WJ	亚洲的东部因为受季风影响，风向随季节改变，夏季雨量较冬季多，例如日本、韩国	韩国 日本 中国广东南岭	WJ1 WJ2 WJ3	4333	4465	5317
	温带海洋气候区	WH	纬度较高的大陆西岸沿海地区，终年都有西风从海洋吹向大陆，因此气候温暖湿润，例如法国和美国的西北部	英国 法国 美国西北部	WH1 WH2 WH3	2755	3081	3189
	温带草原气候区	WC	温带海洋气候区越往 陆，雨量越少，例如欧洲的东部地区	欧洲东部	WC1 WC2 WC3	2612	2781	2943
	温带沙漠气候区	WS	温带气候带里有些地方终年少雨，寸草不生，形成水源缺乏的沙漠景观，例如亚洲的准噶尔盆地（沙漠）、塔里木盆地（沙漠）	塔里木盆地 准噶尔盆地	WS1 WS2 WS3	4029	4032	3906
	地中海型气候区	WD	欧洲的地中海沿岸地区，夏季干燥而冬天雨量多，例如欧洲的意大利和希腊	欧洲意大利 希腊	WD1 WD2 WD3	3845	3555	3988
寒带气候带年平均温度在0°C以下	南北极圈	HQ	在南、北极圈以内的地区都属于寒带气候的范围	北极圈 芬兰 挪威	HQ1 HQ2 HQ3	582	422	414
	高山山顶	HS	在热带与温带气候带里的少数高山、高原的顶端，因为年均气温也在摄氏零度以下，所以也属于寒带气候的范围，例如亚洲的喜马拉雅山顶端地区	喜马拉雅山顶端	HS1 HS2 HS3	4807	5061	5064

各测试点的NPP估算和1980～2099年的潜在NPP表

ID	Number	Code	ImhoffNPP	AREA	PERIMETER	CCSM_POLYS
7130	1	RY1	967643037696	1.96981875000	5.61402000000	16973
7139	2	RY2	938013425664	1.96981875000	5.61402000000	16982
6753	3	RY3	1059619930110	1.96981875000	5.61402000000	15707
7317	4	RM1	888009850880	1.96983281250	5.61404000000	17502
7406	5	RM2	694902784000	1.96981875000	5.61402000000	17763
7776	6	RM3	582658883584	1.96983281250	5.61404000000	19033
6008	7	RS1	82005164032	1.96983281250	5.61404000000	13435
5931	8	RS2	13530510336	1.96981875000	5.61402000000	13193
5949	9	RS3	20528175104	1.96981875000	5.61402000000	13211
6315	10	RJ1	599543578624	1.96983281250	5.61404000000	14286
6070	11	RJ2	622174076928	1.96983281250	5.61404000000	13517
5878	12	RJ3	594110054400	1.96983281250	5.61404000000	13007
4333	13	WJ1	287625674752	1.96981875000	5.61402000000	9692
4465	14	WJ2	358358548480	1.96981875000	5.61402000000	9955
5317	15	WJ3	234484350976	1.96983281250	5.61404000000	11729
2755	16	WH1	289972289536	1.96980468750	5.61400000000	7040
3081	17	WH2	412231434240	1.96981875000	5.61402000000	7552
3189	18	WH3	447568347136	1.96980468750	5.61400000000	7722
2612	19	WC1	156262023168	1.96980468750	5.61400000000	6815
2781	20	WC2	218435698688	1.96980468750	5.61400000000	7066
2943	21	WC3	238155857920	1.96980468750	5.61400000000	7318
4029	22	WS1	15325027328	1.96981875000	5.61402000000	9146
4032	23	WS2	2982236416	1.96981875000	5.61402000000	9149
3906	24	WS3	5561275392	1.96981875000	5.61402000000	8905
3845	25	WD1	287006294016	1.96981875000	5.61402000000	8844
3555	26	WD2	402676252672	1.96981875000	5.61402000000	8328
3988	27	WD3	304560898048	1.96981875000	5.61402000000	9105
582	28	HQ1	25396946944	1.96973437500	5.61390000000	3902
422	29	HQ2	44141174784	1.96972031250	5.61388000000	3733
414	30	HQ3	8761385984	1.96972031250	5.61388000000	3725
4807	31	HS1	38966554624	1.96981875000	5.61402000000	10682
5061	32	HS2	83529809920	1.96983281250	5.61404000000	11198
5064	33	HS3	64223498240	1.96983281250	5.61404000000	11201

（续）

Code	CCSM_POL_1	GID_LAT	GID_LON	npp1980	npp1981	npp1982	npp1983
RY1	15821	−3.50192	−73.12500	2449.98338	2455.94613	2328.44582	2396.06840
RY2	15830	−3.50192	−60.46875	2554.86721	2551.81088	2545.30351	2539.51390
RY3	17115	3.50192	−53.43750	1163.05804	1193.36676	1162.00390	1287.23111
RM1	15326	−6.30345	−49.21875	2086.67137	2145.47392	2189.87116	2082.46995
RM2	15075	−7.70422	−42.18750	1785.33612	1779.74853	1863.53944	1858.96639
RM3	13785	−14.70806	−56.25000	1851.08401	1866.14439	1846.46083	1782.54553
RS1	19451	16.10882	−8.43750	965.56102	1035.52577	1037.77850	966.72783
RS2	19465	17.50959	11.25000	300.53873	302.08695	394.86871	394.86871
RS3	19483	17.50959	36.56250	255.25161	439.32168	302.08695	302.08695
RJ1	18510	11.90652	108.28125	1920.72878	1842.48331	1880.36520	1902.62255
RJ2	19277	16.10882	106.87500	1861.58181	1881.00735	1900.73224	1799.88213
RJ3	19791	18.91036	109.68750	1923.20264	2046.51570	1939.75349	1882.93157
WJ1	23132	37.12029	127.96875	1399.92469	1421.39995	1419.33697	1391.80657
WJ2	22883	35.71953	137.81250	1692.96415	1715.40935	1713.98875	1688.74424
WJ3	21073	25.91419	112.50000	1315.49102	1374.35451	1314.52435	1221.13551
WH1	25856	51.12786	−1.40625	1359.53076	1362.76224	1382.51678	1352.87908
WH2	25344	48.32636	−1.40625	1373.42162	1479.01793	1398.42285	1480.76209
WH3	25002	46.92561	−122.34375	1271.79799	1286.53585	1174.02955	1233.06536
WC1	25887	52.52862	42.18750	1031.01255	1130.09658	1093.26482	1096.54366
WC2	25626	51.12786	35.15625	1065.72061	1096.54366	1127.94983	1130.09658
WC3	25366	49.72712	29.53125	1062.38868	1061.27676	1062.38868	992.22913
WS1	23610	39.92182	80.15625	204.39741	388.88363	342.03064	252.10050
WS2	23613	39.92182	84.37500	154.23405	295.88872	150.96697	202.79312
WS3	23881	41.32257	101.25000	154.23405	252.10050	253.67651	253.67651
WD1	23820	41.32257	15.46875	959.71689	958.54605	993.38065	956.20236
WD2	24328	44.12409	9.84375	1064.61060	1063.49996	992.22913	1159.89378
WD3	23569	39.92182	22.50000	849.13818	808.03023	884.62643	841.72178
HQ1	28862	67.93668	−94.21875	142.62354	138.62438	136.44517	148.43422
HQ2	28949	69.33737	28.12500	574.87326	594.83782	586.29137	568.03069
HQ3	28941	69.33737	16.87500	786.08940	791.55868	776.30907	755.61835
HS1	22074	31.51724	80.15625	429.58100	428.27959	417.64696	388.38509
HS2	21566	28.71572	85.78125	874.25446	866.71981	846.07273	783.90784
HS3	21569	28.71572	90.00000	734.25425	725.61639	687.21924	637.37052

（续）

Code	npp1984	npp1985	npp1986	npp1987	npp1988	npp1989	npp1990
RY1	2488.04512	2474.05313	2415.83319	2435.92280	2439.79277	2437.21575	2427.77429
RY2	2559.70695	2551.96919	2556.95316	2553.72786	2561.59818	2566.95730	2557.89689
RY3	1130.09658	1129.02351	1227.24815	1129.02351	1258.49709	1162.00390	1193.36676
RM1	2037.17103	2157.64240	2188.00996	2068.14696	2192.19167	2098.64359	2173.91394
RM2	1871.33637	1780.44838	1898.83867	1862.88727	1808.11579	1861.58181	1918.86966
RM3	1851.74295	1903.25193	1960.23391	1864.19124	1889.95881	1940.36157	2010.28878
RS1	1001.42281	1002.56906	1036.65246	1036.65246	1072.36729	1035.52577	1002.56906
RS2	440.79031	440.79031	302.08695	485.90243	528.80203	394.86871	530.21934
RS3	302.08695	255.25161	397.85610	440.79031	348.12311	300.53873	349.64405
RJ1	1800.57044	1882.29053	1862.88727	1939.14505	1940.36157	1958.44284	1883.57225
RJ2	2011.42372	1939.14505	1800.57044	1994.26219	1881.00735	1779.74853	1920.72878
RJ3	1884.21255	1921.96642	1940.96931	1976.21557	1901.99280	1995.99167	1996.56750
WJ1	1386.23325	1400.78304	1429.67973	1397.38379	1390.01237	1456.88805	1397.77199
WJ2	1675.07096	1703.13488	1703.16905	1686.61206	1701.10187	1737.19002	1690.72551
WJ3	1063.49996	1158.83782	1374.35451	1253.49445	1376.21869	1228.26488	1129.02351
WH1	1285.26476	1376.53305	1369.85082	1368.19723	1343.16946	1419.18568	1406.24742
WH2	1286.24822	1371.55422	1372.48819	1344.23484	1483.37459	1454.38836	1402.09391
WH3	1209.72391	1251.79285	1263.66542	1287.29753	1292.81625	1251.12449	1286.65477
WC1	1008.43459	992.22913	1042.42780	920.72236	1032.14183	1060.16420	958.54605
WC2	1120.57242	993.38065	1093.26482	1027.62083	1028.75206	1127.94983	1063.49996
WC3	994.53151	920.72236	957.37454	993.38065	1031.01255	993.38065	957.37454
WS1	525.96497	295.88872	436.38189	343.55507	437.85221	343.55507	295.88872
WS2	202.79312	51.19086	103.17059	103.17059	202.79312	154.23405	1399.39958
WS3	206.00077	302.08695	204.39741	204.39741	300.53873	204.39741	252.10050
WD1	921.91489	992.22913	847.90388	1163.05804	996.83124	846.66888	993.38065
WD2	959.71689	1162.00390	993.38065	1130.09658	1164.11159	1129.02351	1164.11159
WD3	809.28740	883.41250	805.51374	957.37454	960.88706	729.96322	729.96322
HQ1	141.50345	145.69638	145.17205	152.38426	153.39660	148.48997	161.42024
HQ2	543.73628	553.64191	537.24521	584.82039	591.98730	594.94168	570.02523
HQ3	737.82690	758.81076	758.43507	798.05148	793.12332	808.22190	770.51514
HS1	398.24874	418.19700	433.31304	418.77123	436.29764	440.39855	438.55952
HS2	780.96829	834.57922	829.49191	843.55939	867.56863	867.98845	890.76775
HS3	663.07749	697.08597	705.45038	736.33693	738.07852	748.81555	765.36136

（续）

Code	npp1991	npp1992	npp1993	npp1994	npp1995	npp1996	npp1997
RY1	2338.38845	2459.67872	2384.52587	2465.84290	2373.48201	2449.66775	2475.25868
RY2	2552.51814	2539.06424	2546.16499	2548.90377	2560.28244	2567.82566	2569.94310
RY3	1258.49709	1194.40292	1286.24822	1194.40292	1347.08211	1193.36676	1224.19446
RM1	2049.24683	2133.62683	2114.02399	2160.53696	2084.04775	2070.28291	2097.09094
RM2	1841.81905	1787.42487	1881.64912	1919.48972	1839.82401	1851.74295	1860.92852
RM3	1863.53944	1768.49611	1943.39677	1844.47378	1903.25193	2034.40521	2030.51971
RS1	1071.26110	1036.65246	1138.65896	1001.42281	1071.26110	929.05573	1104.17237
RS2	302.08695	485.90243	484.45969	394.86871	349.64405	572.36274	530.21934
RS3	253.67651	302.08695	253.67651	394.86871	487.34434	394.86871	348.12311
RJ1	1800.57044	1823.06440	1841.81905	1882.29053	1822.38900	1780.44838	1758.56516
RJ2	1881.64912	1900.73224	1994.26219	1881.64912	1862.88727	1921.96642	1860.92852
RJ3	1903.25193	1843.81067	2047.60909	2013.12368	1977.38958	2049.24683	1921.34778
WJ1	1448.86617	1380.69146	1383.98226	1423.19707	1429.51053	1479.37829	1454.71224
WJ2	1734.60050	1670.90734	1686.58921	1719.40763	1711.92490	1745.36852	1749.38840
WJ3	1192.33000	1129.02351	1255.49723	1257.49771	1026.48896	1226.23084	1163.05804
WH1	1417.94432	1339.91554	1348.33184	1393.91544	1409.96851	1428.39117	1416.43258
WH2	1426.65443	1486.79936	1399.34140	1316.45714	1345.18448	1485.11375	1426.65443
WH3	1250.42759	1232.87783	1240.70017	1256.20219	1236.81527	1230.21611	1269.57095
WC1	1096.54366	993.38065	992.22913	1027.62083	1063.49996	1029.88263	1122.67339
WC2	1094.35839	1163.05804	1186.31763	1092.17062	1130.09658	1131.16902	1060.16420
WC3	958.54605	1097.63535	1129.02351	1024.22327	957.37454	1098.72642	921.91489
WS1	343.55507	391.87789	252.10050	201.18791	388.88363	345.07862	348.12311
WS2	199.58178	199.58178	52.88209	103.17059	154.23405	52.88209	152.60098
WS3	252.10050	253.67651	154.23405	300.53873	253.67651	302.08695	346.60131
WD1	921.91489	994.53151	1061.27676	1025.35644	920.72236	995.68170	957.37454
WD2	1098.72642	1029.88263	1191.29265	1095.45134	1061.27676	1132.24086	1224.19446
WD3	649.11586	921.91489	991.07695	880.98255	809.28740	772.53523	805.51374
HQ1	164.09452	154.44930	145.56348	153.16692	155.29718	144.96078	166.44232
HQ2	620.07880	573.49035	511.28724	593.98986	582.57418	614.30534	607.22502
HQ3	818.46455	777.22631	731.08012	807.10303	793.76016	844.42555	819.46995
HS1	418.19486	374.44222	396.29971	407.47571	425.94752	424.32398	460.47170
HS2	850.56830	798.27107	789.68303	822.62361	833.11833	856.97908	926.50787
HS3	732.94973	671.83189	669.61765	674.31505	693.40962	728.43174	790.77051

（续）

Code	npp1998	npp1999	npp2000	npp2001	npp2002	npp2003	npp2004
RY1	2426.78859	2395.72183	2418.50812	2549.78349	2424.15175	2424.81209	2511.85147
RY2	2557.92874	2563.07948	2567.33901	2570.82135	2572.24004	2574.22640	2583.85579
RY3	1257.49771	1256.49776	1163.05804	1224.19446	1286.24822	1223.17540	1127.94983
RM1	2187.54399	2066.54178	2115.54752	2064.39723	2080.88944	2243.33284	2037.17103
RM2	1919.48972	1879.07980	1907.02064	1778.34762	1918.24924	1861.58181	1851.08401
RM3	1921.96642	1865.49371	1983.23946	1993.10756	1976.21557	1901.99280	1909.52591
RS1	1001.42281	1001.42281	813.05456	958.54605	994.53151	923.10674	996.83124
RS2	572.36274	443.72504	570.96961	530.21934	530.21934	657.19410	487.34434
RS3	394.86871	302.08695	346.60131	483.01612	483.01612	298.98961	250.52359
RJ1	1901.99280	1800.57044	1896.94184	1969.14316	1875.85985	1894.40766	1895.67548
RJ2	1956.64868	1860.92852	1857.65642	1875.85985	1856.34496	1913.89634	1915.76401
RJ3	2011.99070	2013.68969	1897.57448	1895.67548	1915.14181	2005.73600	2091.37497
WJ1	1431.42617	1441.06643	1423.95017	1441.99679	1440.55404	1501.11204	1469.01055
WJ2	1725.87971	1733.01649	1722.00533	1722.95850	1722.51162	1762.23220	1747.58294
WJ3	1223.17540	1190.25471	1255.49723	1280.33902	1314.52435	1372.48819	1129.02351
WH1	1376.27510	1398.33078	1392.82499	1456.16077	1468.70009	1427.55679	1433.85600
WH2	1482.50425	1479.89026	1400.25943	1400.25943	1425.75155	1455.27482	1342.33394
WH3	1304.06021	1337.14997	1301.95691	1281.83011	1321.61012	1308.27179	1292.44682
WC1	1093.26482	1096.54366	1096.54366	918.33524	1156.72407	1093.26482	1194.40292
WC2	1126.87554	1129.02351	1099.81686	991.07695	1189.21617	1192.33000	1193.36676
WC3	992.22913	1129.02351	924.29790	991.07695	1095.45134	918.33524	1028.75206
WS1	252.10050	197.97473	204.39741	252.10050	393.37373	295.88872	300.53873
WS2	52.88209	152.60098	52.88209	52.88209	103.17059	152.60098	154.23405
WS3	300.53873	154.23405	202.79312	252.10050	298.98961	346.60131	252.10050
WD1	1025.35644	1061.27676	956.20236	957.37454	1024.22327	992.22913	885.83967
WD2	1192.33000	1192.33000	1027.62083	1130.09658	1093.26482	1061.27676	957.37454
WD3	769.97799	885.83967	847.90388	993.38065	918.33524	768.69827	693.20406
HQ1	166.96823	155.69932	164.74179	163.11213	160.34817	160.85501	173.39347
HQ2	626.69014	633.20994	589.46210	657.18946	643.62049	675.91823	684.86921
HQ3	839.58997	832.38311	801.37453	880.92092	864.37256	907.79578	911.05597
HS1	426.57374	419.12638	443.31561	436.61497	456.82932	456.44971	440.30064
HS2	850.05857	842.90581	899.34040	879.70186	904.89260	926.10861	934.22209
HS3	739.32222	704.68338	775.01764	741.20005	784.12148	815.89683	807.24135

（续）

Code	npp2005	npp2006	npp2007	npp2008	npp2009	npp2010	npp2011
RY1	2383.81928	2509.04293	2453.75688	2486.27985	2445.22982	2474.05313	2405.00985
RY2	2569.47994	2567.75344	2589.03967	2578.46844	2582.73107	2577.37734	2576.98141
RY3	1285.26476	1160.94914	1159.89378	1225.21294	1061.27676	1285.26476	1192.33000
RM1	2113.00685	2112.49784	2049.79212	2100.19357	2114.02399	2128.64220	2144.00194
RM2	1918.24924	1803.31971	1779.04828	1870.68867	1819.00620	1800.57044	1779.04828
RM3	1994.26219	1939.75349	1862.23473	1947.02753	1957.84513	1921.34778	1904.50960
RS1	1099.81686	1033.27046	1131.16902	1028.75206	1134.38268	996.83124	958.54605
RS2	616.52337	530.21934	484.45969	530.21934	485.90243	572.36274	657.19410
RS3	300.53873	202.79312	300.53873	393.37373	300.53873	202.79312	390.38119
RJ1	1895.04175	1835.82359	1934.26500	1857.00088	1856.34496	1835.82359	2005.73600
RJ2	1816.97185	1950.64582	1915.14181	1877.14894	1968.55160	1877.14894	1893.77320
RJ3	1972.09592	1990.21516	2004.02331	1935.48711	1951.84915	1953.05110	2022.70174
WJ1	1511.98957	1461.81281	1510.83028	1528.07297	1514.93816	1485.11375	1533.71296
WJ2	1803.80132	1742.18477	1783.26204	1798.99826	1789.78807	1743.61357	1799.12767
WJ3	1192.33000	1254.49613	1252.49220	1164.11159	1194.40292	1250.48598	1284.28074
WH1	1453.65650	1466.81689	1480.44017	1455.70292	1449.05893	1424.84815	1450.83745
WH2	1395.66402	1504.11345	1368.74911	1401.17693	1337.57213	1397.50376	1366.87635
WH3	1338.64598	1277.22999	1250.44061	1308.28408	1296.39200	1320.82444	1298.79030
WC1	1092.17062	1191.29265	1126.87554	993.38065	1125.80062	1062.38868	987.61644
WC2	1095.45134	1125.80062	1126.87554	1159.89378	989.92410	1026.48896	991.07695
WC3	882.19788	1024.22327	920.72236	1095.45134	919.52915	992.22913	989.92410
WS1	343.55507	345.07862	390.38119	390.38119	434.91073	391.87789	390.38119
WS2	51.19086	152.60098	252.10050	152.60098	152.60098	298.98961	103.17059
WS3	252.10050	298.98961	298.98961	393.37373	483.01612	252.10050	253.67651
WD1	919.52915	956.20236	953.85598	885.83967	992.22913	992.22913	956.20236
WD2	1059.05101	1092.17062	1059.05101	958.54605	1124.72510	1026.48896	992.22913
WD3	808.03023	687.90439	845.43317	771.25697	808.03023	846.66888	728.66054
HQ1	166.57238	170.48489	165.97953	180.58531	175.95908	179.16272	176.97456
HQ2	655.50904	653.36939	633.37938	677.76757	663.43529	686.41196	694.47350
HQ3	878.31006	864.68380	867.83650	898.80168	881.76086	877.47501	917.54533
HS1	483.62202	449.05630	481.87370	462.38463	465.44471	441.67846	468.04537
HS2	916.92395	918.31708	944.03884	897.44485	933.99398	874.49259	938.63644
HS3	769.02991	764.76111	771.49747	752.94480	802.29950	764.92047	803.94908

（续）

Code	npp2012	npp2013	npp2014	npp2015	npp2016	npp2017	npp2018
RY1	2466.76144	2435.92280	2446.50144	2472.84481	2467.29086	2443.31691	2453.44342
RY2	2577.87700	2582.80501	2586.68403	2597.49010	2584.03020	2588.25952	2596.37403
RY3	1096.54366	1314.52435	1224.19446	1061.27676	1223.37359	1127.94983	1191.29265
RM1	2085.62282	2145.47392	2114.53213	2114.02399	2101.66453	2082.46995	2099.16055
RM2	1850.42469	1822.38900	1668.56308	1799.19343	1810.34864	1737.01405	1799.19343
RM3	1908.90013	1940.96931	1919.48972	1842.48331	1889.72882	1864.84266	1922.58470
RS1	1029.88263	997.98012	923.10674	957.37454	848.96679	924.29790	959.71689
RS2	697.17085	575.14659	616.52337	697.17085	572.65932	530.21934	528.80203
RS3	250.52359	155.86619	252.10050	393.37373	393.92753	300.53873	204.39741
RJ1	1895.67548	1934.87623	1855.03198	1876.50458	1915.95405	1932.42919	1856.34496
RJ2	1857.00088	1896.30884	1876.50458	1933.65341	1730.36141	1857.65642	1934.87623
RJ3	1988.47573	2074.00905	2005.73600	1952.45029	1897.07660	1953.65155	2041.02988
WJ1	1490.59673	1525.16077	1520.95452	1432.30614	1482.06890	1496.13725	1527.34851
WJ2	1754.66681	1788.95113	1793.15200	1732.05485	1768.77242	1772.96680	1787.92747
WJ3	1343.28466	1192.33000	1288.21343	1160.94914	1097.61514	1192.33000	1254.49613
WH1	1459.73471	1449.94844	1487.04478	1402.09391	1429.78541	1437.26975	1479.01793
WH2	1400.25943	1340.43086	1366.87635	1256.49776	1401.38075	1398.42285	1370.61972
WH3	1343.93043	1315.42066	1270.00843	1372.27554	1395.94480	1390.64088	1366.15526
WC1	1096.54366	1193.36676	1094.35839	1094.35839	1128.93406	1127.94983	1061.27676
WC2	1096.54366	1156.72407	1129.02351	1027.62083	1061.91516	1095.45134	1156.72407
WC3	1062.38868	1024.22327	1091.07579	1097.63535	1061.91516	992.22913	1059.05101
WS1	393.37373	478.68044	439.32168	343.55507	205.74845	434.91073	388.88363
WS2	201.18791	250.52359	51.19086	152.60098	103.73989	152.60098	154.23405
WS3	346.60131	250.52359	298.98961	439.32168	105.66236	206.00077	346.60131
WD1	1026.48896	955.02951	880.98255	1026.48896	923.34944	920.72236	953.85598
WD2	1127.94983	1125.80062	1059.05101	1193.36676	1063.20162	1126.87554	1027.62083
WD3	884.62643	766.13662	806.77235	914.74943	771.91986	768.69827	845.43317
HQ1	185.54132	175.78491	183.58158	197.84335	177.33777	193.04798	192.45880
HQ2	671.73758	673.34263	669.21416	690.52272	675.56125	692.16057	659.43606
HQ3	883.05055	896.43771	888.87369	912.78565	898.47809	922.52791	866.01663
HS1	443.78069	482.52722	462.44095	435.04572	470.65457	484.80250	462.11196
HS2	929.46489	959.77603	906.63749	882.01500	953.06356	936.22588	918.05095
HS3	801.82889	807.21677	765.86010	751.92381	811.08638	777.55597	774.64491

（续）

Code	npp2019	npp2020	npp2021	npp2022	npp2023	npp2024	npp2025
RY1	2383.11187	2476.76173	2508.76119	2372.76274	2500.23336	2477.06182	2533.74903
RY2	2589.97582	2592.00188	2587.49083	2588.86702	2586.66325	2595.78713	2587.08717
RY3	1224.19446	1062.38868	1254.49613	1224.19446	1285.26476	1225.21294	1127.94983
RM1	2159.57322	2053.05728	2173.43988	2129.64141	2084.04775	2148.89871	2048.70123
RM2	1861.58181	1870.68867	1839.82401	1863.53944	1882.93157	1888.04669	1843.14718
RM3	1938.53627	1964.99505	1920.10943	1882.29053	2011.42372	1984.40541	1885.49207
RS1	1166.21686	1132.24086	1031.01255	1132.24086	923.10674	960.88706	1097.63535
RS2	485.90243	528.80203	572.36274	530.21934	530.21934	657.19410	615.15558
RS3	297.43961	298.98961	252.10050	346.60131	152.60098	297.43961	300.53873
RJ1	1876.50458	1915.14181	1914.51925	1836.49129	1951.24765	2007.44574	1915.14181
RJ2	1835.15552	1876.50458	1934.87623	1875.85985	1971.50604	1877.79293	1876.50458
RJ3	2006.87615	2006.87615	1953.05110	1971.50604	2040.47956	2041.57988	2090.33183
WJ1	1500.15171	1505.81192	1510.16897	1505.24965	1553.64223	1543.72099	1565.01979
WJ2	1771.84913	1775.03991	1803.74397	1790.52862	1811.53519	1804.57838	1804.76321
WJ3	1224.19446	1158.83782	1253.49445	1314.52435	1342.33394	1289.19520	1227.24815
WH1	1472.41860	1471.01252	1456.16077	1502.41152	1486.36832	1481.63342	1484.66380
WH2	1505.82883	1345.18448	1401.17693	1393.82216	1425.75155	1507.54225	1478.14510
WH3	1368.07767	1369.17057	1337.36430	1308.06636	1316.65401	1311.78365	1338.70685
WC1	1023.08945	1130.09658	1125.80062	1092.17062	1096.54366	1193.36676	1057.93717
WC2	1024.22327	1226.23084	1157.78125	1060.16420	1027.62083	1285.26476	1057.93717
WC3	1093.26482	1063.49996	1025.35644	991.07695	920.72236	1062.38868	987.61644
WS1	300.53873	436.38189	434.91073	393.37373	480.12649	297.43961	388.88363
WS2	154.23405	346.60131	104.83201	204.39741	152.60098	101.50821	247.36705
WS3	252.10050	298.98961	348.12311	298.98961	298.98961	202.79312	346.60131
WD1	955.02951	1027.62083	991.07695	844.19675	1057.93717	956.20236	1055.70759
WD2	991.07695	1094.35839	1125.80062	987.61644	1091.07579	1095.45134	1057.93717
WD3	767.41781	885.83967	879.76653	728.66054	845.43317	956.20236	802.99436
HQ1	174.50514	185.87966	176.13676	179.45824	180.08066	174.69397	181.89887
HQ2	689.44160	674.62053	664.51506	660.86491	740.30851	655.65597	710.86716
HQ3	901.76352	900.70712	884.86316	878.43425	966.65456	883.07947	912.88692
HS1	478.63745	475.72218	488.85291	493.31939	462.20873	493.34049	469.47383
HS2	976.02009	976.22541	926.95829	951.68743	908.17026	914.26073	933.48046
HS3	851.39164	838.63625	815.49469	796.34278	761.15193	745.83392	788.81857

（续）

Code	npp2026	npp2027	npp2028	npp2029	npp2030	npp2031	npp2032
RY1	2374.20046	2463.69348	2477.06182	2517.69721	2374.91809	2423.49064	2511.85147
RY2	2588.24092	2591.38904	2591.12477	2594.62451	2593.73210	2595.46738	2601.10017
RY3	1095.45134	1192.33000	1257.49771	1191.29265	1129.02351	1193.36676	1062.38868
RM1	2160.05523	2143.51071	2176.75258	2097.09094	2175.33448	2047.06255	2085.62282
RM2	1821.71322	1820.36048	1829.12557	1802.63298	1737.73841	1821.03704	1787.42487
RM3	1977.38958	1940.96931	1948.23501	1922.58470	1884.21255	1903.25193	1871.33637
RS1	923.10674	887.05220	960.88706	1031.01255	849.13818	995.68170	1099.81686
RS2	655.84966	655.84966	615.15558	613.78701	615.15558	698.49159	573.75506
RS3	298.98961	298.98961	346.60131	391.87789	436.38189	250.52359	300.53873
RJ1	1931.81656	1953.65155	1795.05292	1856.34496	1914.51925	1934.87623	1896.94184
RJ2	1877.14894	1952.45029	1835.82359	1916.38585	1934.26500	1857.00088	1934.26500
RJ3	2106.36688	2040.47956	1971.50604	2058.47430	1970.32528	1917.62847	1990.79430
WJ1	1529.71724	1528.66449	1550.00875	1529.53435	1533.35524	1514.42056	1502.70247
WJ2	1810.38637	1821.07473	1796.52915	1793.62667	1819.11205	1790.07074	1777.62396
WJ3	1189.21617	1344.23484	1096.54366	1287.23111	1311.62100	1280.33902	1162.00390
WH1	1453.50140	1450.83745	1487.65431	1478.13885	1448.93303	1400.25943	1426.51596
WH2	1427.55679	1365.93917	1371.55422	1423.03980	1371.55422	1283.29616	1457.04621
WH3	1332.08225	1350.08820	1316.31905	1383.37369	1381.43290	1430.08404	1330.69785
WC1	1060.16420	1094.35839	1028.75206	1124.72510	1126.87554	1093.26482	1063.49996
WC2	1061.27676	1127.94983	992.22913	1092.17062	1126.87554	1159.89378	1162.00390
WC3	1026.48896	1056.82270	884.62643	988.77060	1059.05101	1060.16420	1195.43849
WS1	387.38522	197.97473	345.07862	437.85221	388.88363	295.88872	345.07862
WS2	103.17059	51.19086	103.17059	250.52359	152.60098	201.18791	199.58178
WS3	250.52359	348.12311	300.53873	252.10050	346.60131	298.98961	300.53873
WD1	955.02951	956.20236	989.92410	955.02951	956.20236	956.20236	1025.35644
WD2	1162.00390	1025.35644	1093.26482	1059.05101	1059.05101	1127.94983	1062.38868
WD3	767.41781	806.77235	955.02951	689.23045	879.76653	726.05293	917.14066
HQ1	187.50950	181.12003	193.32006	191.19788	189.85195	183.61686	183.30224
HQ2	710.32058	687.34534	689.88655	722.15642	704.28310	689.46877	635.65608
HQ3	934.83232	899.83432	906.27918	926.82567	920.91702	910.37066	871.61402
HS1	477.84955	501.62289	484.96214	465.31650	475.89179	478.66953	514.37452
HS2	964.63400	989.59944	921.89705	947.57391	939.54156	915.31853	977.24995
HS3	838.75489	844.02849	776.61999	819.95840	798.03753	763.43420	832.42319

（续）

Code	npp2033	npp2034	npp2035	npp2036	npp2037	npp2038	npp2039
RY1	2444.27419	2491.84910	2509.32451	2494.75600	2434.95114	2508.47929	2472.23960
RY2	2593.64264	2596.35366	2601.46715	2598.63336	2601.54734	2595.53526	2601.93575
RY3	1094.35839	1192.33000	1192.33000	1162.00390	1225.21294	1191.29265	1256.49776
RM1	2142.03535	2065.47012	2130.14059	2099.16055	2097.09094	2158.12552	2115.03997
RM2	1759.27716	1821.03704	1779.04828	1767.08228	1861.58181	1841.81905	1818.32847
RM3	1803.31971	1866.79469	1785.33612	1890.59546	1959.04020	1862.88727	1978.56224
RS1	960.88706	1032.14183	1032.14183	1063.49996	1165.16453	1031.01255	1031.01255
RS2	487.34434	697.17085	654.50444	530.21934	572.36274	616.52337	440.79031
RS3	300.53873	345.07862	437.85221	434.91073	250.52359	346.60131	152.60098
RJ1	1875.21475	1895.67548	1895.04175	1837.15860	1951.84915	1933.04148	1932.42919
RJ2	1814.93401	1874.56928	1915.76401	1914.51925	1877.14894	1913.27306	1815.61368
RJ3	2040.47956	2089.28748	2056.85245	1989.05587	2043.22798	1934.26500	1953.05110
WJ1	1524.52548	1579.03791	1549.39003	1536.62626	1534.71114	1550.81198	1553.04323
WJ2	1791.42962	1816.66647	1804.42778	1790.69527	1798.66143	1803.36137	1813.46384
WJ3	1280.33902	1253.49445	1222.15575	1096.54366	1197.50784	1219.09329	1155.66629
WH1	1449.17462	1395.66402	1480.01542	1475.74484	1455.27482	1449.94844	1440.17622
WH2	1422.13484	1369.68469	1397.50376	1399.34140	1428.45864	1365.93917	1454.38836
WH3	1404.44286	1330.46436	1338.34516	1375.63157	1326.78769	1383.13240	1348.29297
WC1	1095.45134	1124.72510	1158.83782	1129.02351	989.92410	1095.45134	1060.16420
WC2	1191.29265	1095.45134	1126.87554	1224.19446	1060.16420	1124.72510	1124.72510
WC3	1127.94983	1026.48896	991.07695	1097.63535	1026.48896	989.92410	992.22913
WS1	297.43961	247.36705	434.91073	298.98961	434.91073	437.85221	388.88363
WS2	202.79312	103.17059	202.79312	252.10050	154.23405	152.60098	197.97473
WS3	252.10050	346.60131	348.12311	253.67651	204.39741	298.98961	253.67651
WD1	806.77235	956.20236	956.20236	956.20236	956.20236	1060.16420	952.68178
WD2	919.52915	956.20236	1124.72510	1061.27676	1026.48896	1093.26482	1156.72407
WD3	842.95962	767.41781	768.69827	885.83967	841.72178	883.41250	767.41781
HQ1	199.06026	190.11305	202.43361	196.16660	206.21180	199.51457	189.40633
HQ2	716.42287	687.53452	718.64529	690.36522	749.53996	747.60191	714.85165
HQ3	922.80161	892.59550	942.44589	923.83220	959.28054	957.45895	946.73401
HS1	497.91001	497.09318	526.24797	495.21570	486.10163	496.95155	499.55332
HS2	997.02849	968.12170	1017.10766	937.39124	968.27854	975.52728	968.69764
HS3	866.72641	821.28927	864.75264	795.43888	813.05200	823.58739	839.55831

（续）

Code	npp2040	npp2041	npp2042	npp2043	npp2044	npp2045	npp2046
RY1	2536.94784	2483.02768	2464.92277	2532.94588	2467.06726	2509.04293	2491.55749
RY2	2596.31749	2606.22942	2599.48693	2603.65566	2600.51991	2607.09488	2611.17573
RY3	1224.19446	1224.19446	1129.02351	1160.94914	1096.54366	1192.33000	1159.89378
RM1	2118.58673	2097.60879	2031.07574	2113.00685	2175.80745	2158.60836	2144.00194
RM2	1808.79937	1860.92852	1799.88213	1879.07980	1847.78364	1819.00620	1781.14783
RM3	1928.74810	2062.78559	1993.68504	1994.26219	1870.04061	1845.13651	1884.21255
RS1	996.83124	1029.88263	887.05220	1032.14183	1064.61060	1098.72642	1162.00390
RS2	657.19410	655.84966	697.17085	531.63584	573.75506	657.19410	616.52337
RS3	298.98961	298.98961	568.18096	250.52359	345.07862	297.43961	253.67651
RJ1	1896.30884	1951.84915	1751.42263	1816.97185	1953.05110	1896.30884	1951.24765
RJ2	1915.14181	2021.57975	1773.43176	1876.50458	1796.43467	1896.30884	1933.04148
RJ3	2023.82244	2003.45176	2006.87615	2006.87615	2024.38231	1970.91583	1951.84915
WJ1	1547.54538	1543.78074	1539.40996	1563.93562	1549.95882	1575.12930	1546.59313
WJ2	1827.58059	1807.65928	1800.18678	1816.40723	1811.70086	1831.67725	1832.05242
WJ3	1095.45134	1186.09696	1223.17540	1193.36676	1285.26476	1158.83782	1401.17693
WH1	1427.55679	1452.61392	1479.89026	1452.61392	1481.46727	1504.97139	1472.68180
WH2	1400.25943	1424.84815	1397.50376	1343.28466	1345.18448	1341.38267	1369.68469
WH3	1387.42061	1381.78590	1357.21503	1388.79452	1353.72504	1397.49927	1430.89447
WC1	1129.02351	1062.38868	1027.62083	1095.45134	1061.27676	1158.83782	1098.72642
WC2	1097.63535	1125.80062	1094.35839	1224.19446	1096.54366	1223.17540	1095.45134
WC3	1098.72642	988.77060	1093.26482	1160.94914	1063.49996	993.38065	1031.01255
WS1	393.37373	480.12649	436.38189	342.03064	437.85221	388.88363	393.37373
WS2	154.23405	434.91073	346.60131	154.23405	103.17059	103.17059	202.79312
WS3	346.60131	342.03064	346.60131	302.08695	298.98961	204.39741	300.53873
WD1	1064.61060	915.94539	917.14066	914.74943	883.41250	994.53151	849.13818
WD2	1194.40292	1025.35644	1091.07579	1023.08945	1026.48896	1061.27676	992.22913
WD3	921.91489	915.94539	844.19675	877.33240	731.26516	809.28740	772.53523
HQ1	199.85393	198.65591	190.88178	205.98658	206.54981	209.70214	213.09717
HQ2	724.02879	749.39879	757.42734	714.65858	703.61889	737.38076	711.99092
HQ3	920.12735	960.92130	955.05731	930.16430	928.02882	955.00386	927.28609
HS1	499.62815	496.13845	499.76493	503.00939	516.81598	505.41838	546.52365
HS2	992.98631	954.38500	977.21388	966.98829	996.58018	994.15190	1036.29742
HS3	852.33745	823.26961	837.99577	800.71075	849.91722	854.43529	886.76341

（续）

Code	npp2047	npp2048	npp2049	npp2050	npp2051	npp2052	npp2053
RY1	2453.44342	2502.23634	2525.92704	2482.13716	2508.19722	2495.04577	2433.97780
RY2	2601.26354	2602.01380	2602.85636	2589.50509	2605.96556	2605.26241	2603.78950
RY3	1160.94914	1254.49613	1224.19446	1222.15575	1160.94914	1192.33000	1224.19446
RM1	2097.60879	2147.43262	2095.53562	2186.61125	2064.93383	2117.06843	2111.47894
RM2	1778.34762	1745.67903	1841.81905	1920.72878	1823.73941	1847.78364	1840.48940
RM3	1994.26219	1965.58866	1975.62806	1958.44284	1977.38958	1945.81866	1920.72878
RS1	995.68170	1096.54366	772.53523	888.26405	885.83967	887.05220	996.83124
RS2	658.53778	530.21934	657.19410	699.81158	615.15558	658.53778	615.15558
RS3	345.07862	155.86619	300.53873	439.32168	298.98961	436.38189	436.38189
RJ1	2006.30624	1915.14181	1970.91583	1914.51925	1914.51925	1952.45029	1988.47573
RJ2	1970.32528	1970.91583	1970.32528	1970.91583	1857.00088	1794.36145	2072.41396
RJ3	2023.26225	2023.82244	2041.02988	2057.39338	1953.05110	2072.94596	2089.28748
WJ1	1559.31583	1561.63344	1534.69123	1557.31608	1592.84306	1562.54580	1570.36566
WJ2	1840.34426	1824.75505	1834.38907	1823.88981	1844.09646	1825.59114	1820.17446
WJ3	1159.89378	1129.02351	1314.52435	1343.28466	1159.89378	1256.49776	1285.26476
WH1	1440.05414	1463.59314	1425.75155	1452.61392	1489.03493	1507.54225	1451.72594
WH2	1504.11345	1428.45864	1337.57213	1398.42285	1424.84815	1399.34140	1280.33902
WH3	1368.56653	1333.72082	1381.95886	1365.22211	1349.85847	1388.82469	1400.17792
WC1	1092.17062	1127.94983	1060.16420	1027.62083	1026.48896	1096.54366	1059.05101
WC2	1057.93717	1160.94914	1061.27676	1057.93717	1127.94983	991.07695	1126.87554
WC3	992.22913	1096.54366	1124.72510	1094.35839	1059.05101	884.62643	991.07695
WS1	390.38119	346.60131	434.91073	345.07862	343.55507	345.07862	343.55507
WS2	103.17059	154.23405	103.17059	297.43961	201.18791	152.60098	252.10050
WS3	300.53873	252.10050	252.10050	478.68044	298.98961	250.52359	298.98961
WD1	919.52915	1064.61060	918.33524	953.85598	955.02951	1062.38868	841.72178
WD2	1061.27676	1094.35839	1124.72510	1061.27676	1056.82270	1063.49996	956.20236
WD3	768.69827	849.13818	808.03023	879.76653	806.77235	845.43317	689.23045
HQ1	207.34886	198.65393	205.37674	217.07955	221.97945	208.19848	212.72809
HQ2	726.00466	717.98086	702.40826	679.65927	731.91937	741.29900	743.91293
HQ3	935.18310	932.00199	916.97016	892.26499	945.31888	956.57948	949.69512
HS1	533.67205	513.77230	533.87726	540.85657	525.14073	500.68354	498.79125
HS2	1007.86745	994.74603	1017.31087	1018.68826	1039.02748	953.17964	961.97397
HS3	879.17738	838.86419	861.49699	858.48566	906.39735	818.57646	786.98164

（续）

Code	npp2054	npp2055	npp2056	npp2057	npp2058	npp2059	npp2060
RY1	2534.81775	2541.70496	2512.97038	2525.38278	2573.41947	2516.31175	2503.66212
RY2	2602.28278	2608.79060	2612.16296	2609.79187	2621.27888	2614.00497	2616.33074
RY3	1223.17540	1192.33000	1193.36676	1192.33000	1159.89378	1160.94914	1062.38868
RM1	2098.64359	2096.05435	2205.06422	2082.99619	2047.06255	2143.01921	2086.14725
RM2	1840.48940	1860.92852	1849.10492	1918.24924	1778.34762	1799.19343	1746.39842
RM3	1864.19124	2011.42372	2001.73513	1883.57225	1975.62806	1995.41551	1928.74810
RS1	887.05220	958.54605	1133.31208	1064.61060	1062.38868	1029.88263	885.83967
RS2	698.49159	657.19410	655.84966	698.49159	695.84935	698.49159	573.75506
RS3	437.85221	390.38119	345.07862	300.53873	343.55507	298.98961	298.98961
RJ1	2022.70174	1934.26500	1933.65341	1953.05110	1896.30884	1970.91583	1988.47573
RJ2	1837.15860	1856.34496	1816.29296	1932.42919	1934.26500	1894.40766	2024.38231
RJ3	2075.60139	2040.47956	2042.67893	2004.59453	1990.21516	1969.73439	2196.35185
WJ1	1581.13999	1580.07386	1579.60930	1572.24013	1567.74371	1566.70871	1562.17146
WJ2	1837.45703	1825.74337	1849.60103	1828.76179	1823.03285	1831.57793	1836.69350
WJ3	1254.49613	1284.28074	1317.42271	1193.36676	1255.49723	1223.17540	1195.43849
WH1	1505.94936	1502.39610	1401.17693	1507.54225	1484.45408	1454.38836	1480.76209
WH2	1397.50376	1395.66402	1401.17693	1341.38267	1452.61392	1310.65211	1507.54225
WH3	1367.62071	1347.39464	1364.40059	1381.45330	1420.12813	1410.66484	1385.13919
WC1	1060.16420	986.46161	1062.38868	1094.35839	1157.78125	1094.35839	1130.09658
WC2	1158.83782	1057.93717	1062.38868	1127.94983	1129.02351	1092.17062	1129.02351
WC3	1060.16420	919.52915	956.20236	1092.17062	1159.89378	1021.95498	1028.75206
WS1	433.43873	388.88363	481.57172	343.55507	434.91073	434.91073	391.87789
WS2	202.79312	197.97473	152.60098	250.52359	154.23405	202.79312	152.60098
WS3	300.53873	298.98961	346.60131	346.60131	252.10050	433.43873	391.87789
WD1	806.77235	920.72236	994.53151	919.52915	921.91489	1158.83782	955.02951
WD2	1057.93717	1028.75206	1064.61060	1026.48896	989.92410	989.92410	1158.83782
WD3	845.43317	806.77235	691.88029	731.26516	882.19788	808.03023	846.66888
HQ1	207.72909	206.10921	225.04735	226.25347	213.70221	202.61204	216.20007
HQ2	701.09103	708.53960	709.37202	733.93622	726.90942	715.91941	735.11577
HQ3	941.14184	923.04342	935.10957	947.87326	952.22801	921.89629	952.29839
HS1	539.10667	503.23762	526.50260	523.25657	508.78056	518.20465	519.45927
HS2	994.54428	994.68906	1063.55931	1000.96938	999.38019	996.81303	987.55658
HS3	857.18963	835.19945	932.99693	866.31869	834.06247	837.56823	823.37553

（续）

Code	npp2061	npp2062	npp2063	npp2064	npp2065	npp2066	npp2067
RY1	2472.23960	2473.14715	2481.83998	2503.37729	2454.07017	2565.26653	2548.49020
RY2	2618.06740	2613.90170	2610.34616	2615.03081	2575.61634	2612.89577	2616.44779
RY3	1127.94983	1192.33000	1192.33000	1193.36676	1095.45134	1223.17540	1224.19446
RM1	2032.74191	2082.46995	2112.49784	2086.67137	2096.57280	2156.67533	2173.43988
RM2	1843.81067	1843.14718	1881.00735	1869.39217	1897.57448	1879.07980	1860.92852
RM3	1995.41551	2012.55735	1976.21557	1908.90013	1976.80274	2045.42105	1942.79042
RS1	1031.01255	996.83124	1097.63535	887.05220	1063.49996	1063.49996	993.38065
RS2	736.46545	777.64092	615.15558	615.15558	657.19410	615.15558	657.19410
RS3	525.96497	252.10050	298.98961	202.79312	298.98961	436.38189	439.32168
RJ1	1856.34496	1951.84915	1932.42919	1858.31159	1970.32528	1915.76401	1914.51925
RJ2	1836.49129	1989.63568	1917.00734	1878.43655	1971.50604	1915.76401	2055.76967
RJ3	1969.73439	1973.27465	1915.76401	1989.63568	2041.02988	1952.45029	2040.47956
WJ1	1564.95832	1530.00897	1555.62095	1581.20317	1595.76778	1558.17340	1613.66734
WJ2	1822.75027	1807.03681	1801.06999	1828.03358	1857.08916	1818.61438	1856.94772
WJ3	1190.25471	1255.49723	1190.25471	1255.49723	1253.49445	1402.09391	1221.13551
WH1	1502.98986	1480.40805	1494.62270	1427.55679	1488.98227	1427.55679	1369.68469
WH2	1369.68469	1425.75155	1452.61392	1283.29616	1423.03980	1456.16077	1190.25471
WH3	1436.68619	1420.81342	1455.53082	1367.99974	1409.11394	1431.85813	1348.14633
WC1	1157.78125	992.22913	1094.35839	1027.62083	992.22913	1124.72510	1125.80062
WC2	1125.80062	1158.83782	1160.94914	1096.54366	992.22913	1127.94983	1251.48938
WC3	1027.62083	1159.89378	1127.94983	1060.16420	955.02951	1059.05101	992.22913
WS1	391.87789	390.38119	434.91073	298.98961	348.12311	523.12465	342.03064
WS2	201.18791	202.79312	152.60098	103.17059	103.17059	202.79312	202.79312
WS3	295.88872	297.43961	252.10050	346.60131	300.53873	300.53873	298.98961
WD1	919.52915	914.74943	952.68178	955.02951	918.33524	1093.26482	959.71689
WD2	1026.48896	1093.26482	1124.72510	1095.45134	952.68178	1224.19446	1029.88263
WD3	810.54384	841.72178	842.95962	883.41250	804.25441	802.99436	731.26516
HQ1	234.70978	223.58550	239.48222	218.14592	234.91737	234.77776	212.38003
HQ2	728.72517	755.81883	739.59408	751.55106	749.70457	730.10676	780.40543
HQ3	933.96107	964.72434	939.70590	951.46629	951.86064	975.66594	992.02210
HS1	514.41560	511.86037	524.51260	533.00461	525.58527	524.94692	570.63427
HS2	1007.94949	1029.72132	998.40017	1030.34189	1033.46111	1026.24349	1065.09730
HS3	862.26013	894.86920	831.95018	919.96187	886.42895	885.70676	899.02494

（续）

Code	npp2068	npp2069	npp2070	npp2071	npp2072	npp2073	npp2074
RY1	2519.90570	2572.19407	2462.76965	2525.38278	2528.90933	2435.59910	2518.25028
RY2	2617.11247	2613.68107	2624.00041	2612.64012	2514.08673	2617.03615	2615.39804
RY3	1255.49723	1194.40292	1160.94914	1254.49613	1160.94914	1191.29265	1254.49613
RM1	2101.22541	2158.12552	2064.93383	2160.05523	2001.73513	2186.61125	2158.60836
RM2	1871.98369	1780.44838	1755.71306	1798.50433	1849.76500	1821.71322	1920.72878
RM3	1964.99505	1939.75349	1942.18373	1959.04020	2034.95901	1957.24708	1976.80274
RS1	1197.50784	1099.81686	995.68170	1032.14183	995.68170	924.29790	1028.75206
RS2	655.84966	572.36274	572.36274	657.19410	657.19410	572.36274	657.19410
RS3	345.07862	393.37373	204.39741	204.39741	298.98961	250.52359	437.85221
RJ1	1855.68866	1969.14316	1987.89526	1953.05110	1915.14181	1952.45029	1893.77320
RJ2	1837.82552	1953.65155	1933.65341	1875.85985	1816.29296	1914.51925	1933.65341
RJ3	2041.57988	2106.36688	2121.61549	2023.82244	2006.87615	2105.85406	2058.47430
WJ1	1583.06290	1580.03025	1569.66657	1592.05620	1629.71688	1606.16889	1639.67296
WJ2	1845.98903	1843.73455	1826.95243	1845.97551	1872.26742	1850.58416	1885.10906
WJ3	1159.89378	1286.24822	1423.03980	1157.78125	1283.29616	1254.49613	1343.28466
WH1	1509.48356	1452.61392	1478.14510	1489.63465	1529.59055	1477.27177	1425.75155
WH2	1401.17693	1369.68469	1369.68469	1477.27177	1373.42162	1397.50376	1368.74911
WH3	1386.62370	1422.50277	1463.24527	1469.33171	1396.47951	1419.09224	1392.25229
WC1	1224.19446	1096.54366	1055.70759	1222.15575	1061.27676	1190.25471	1225.21294
WC2	1227.24815	1095.45134	1124.72510	1222.15575	1095.45134	1192.33000	1158.83782
WC3	1063.49996	992.22913	992.22913	1059.05101	1027.62083	989.92410	1125.80062
WS1	302.08695	478.68044	434.91073	480.12649	391.87789	343.55507	342.03064
WS2	152.60098	204.39741	202.79312	152.60098	154.23405	152.60098	52.88209
WS3	300.53873	300.53873	346.60131	346.60131	393.37373	253.67651	298.98961
WD1	845.43317	991.07695	919.52915	953.85598	884.62643	845.43317	987.61644
WD2	993.38065	920.72236	991.07695	1056.82270	1063.49996	1092.17062	989.92410
WD3	767.41781	802.99436	768.69827	767.41781	771.25697	568.18096	805.51374
HQ1	219.19101	210.35063	228.14941	222.60671	219.65810	231.50412	236.76497
HQ2	711.57486	798.91960	743.84836	760.08779	758.60638	783.04816	735.29146
HQ3	928.04865	997.12038	974.92730	964.83572	970.11952	986.15227	953.09916
HS1	564.44037	526.20563	525.21704	549.37499	557.93011	532.82730	594.13670
HS2	1068.04448	999.03443	1033.00648	1023.42438	1043.06654	1056.13608	1071.40919
HS3	906.35896	844.73028	887.43404	880.56850	862.89639	904.74747	911.99158

（续）

Code	npp2075	npp2076	npp2077	npp2078	npp2079	npp2080	npp2081
RY1	2586.66935	2485.69007	2533.48147	2517.14350	2533.74903	2467.37292	2499.94657
RY2	2610.38529	2614.46141	2624.94743	2610.66236	2614.28665	2613.26834	2622.25792
RY3	1093.26482	1225.21294	1127.94983	1222.15575	1192.33000	1225.21294	1193.36676
RM1	2142.52742	2132.13444	2159.09093	2144.49288	2158.60836	2192.65497	2158.60836
RM2	1823.06440	1946.42327	1779.74853	1879.72269	1864.19124	1700.26094	1841.81905
RM3	1921.96642	1964.40110	1919.48972	1938.53627	1959.04020	1983.23946	1941.57669
RS1	920.72236	995.68170	923.10674	1098.72642	1098.72642	962.05655	994.53151
RS2	657.19410	815.56241	657.19410	572.36274	528.80203	655.84966	573.75506
RS3	345.07862	481.57172	297.43961	250.52359	202.79312	345.07862	297.43961
RJ1	1934.26500	1876.50458	2006.30624	1855.03198	1875.85985	2006.30624	1752.13873
RJ2	1934.26500	1834.48706	2004.59453	1934.26500	1969.14316	2022.70174	1751.42263
RJ3	2023.26225	1875.21475	2038.82672	2121.11142	1952.45029	2023.26225	1857.65642
WJ1	1556.63698	1570.23297	1591.17858	1588.03841	1586.20073	1586.43646	1534.74504
WJ2	1822.31955	1827.50495	1848.23511	1841.52074	1832.36815	1841.46997	1795.12496
WJ3	1281.32530	1344.23484	1312.58934	1372.48819	1339.47850	1222.15575	1314.52435
WH1	1495.30099	1531.08399	1496.62813	1479.89026	1370.61972	1479.89026	1466.31021
WH2	1480.76209	1374.35451	1425.75155	1425.75155	1342.33394	1427.55679	1397.50376
WH3	1426.03874	1367.06992	1429.00471	1390.59561	1422.22327	1448.21630	1399.59860
WC1	1027.62083	1095.45134	1127.94983	1127.94983	1026.48896	992.22913	1057.93717
WC2	1094.35839	1193.36676	1252.49220	1124.72510	1126.87554	1163.05804	1160.94914
WC3	991.07695	1061.27676	1160.94914	1024.22327	1060.16420	1029.88263	1092.17062
WS1	295.88872	391.87789	433.43873	523.12465	391.87789	523.12465	478.68044
WS2	150.96697	51.19086	250.52359	103.17059	152.60098	346.60131	154.23405
WS3	298.98961	252.10050	342.03064	298.98961	300.53873	343.55507	346.60131
WD1	955.02951	1093.26482	1094.35839	988.77060	1027.62083	1096.54366	1023.08945
WD2	1060.16420	1159.89378	1026.48896	1093.26482	1095.45134	1127.94983	1185.05604
WD3	767.41781	956.20236	882.19788	804.25441	920.72236	887.05220	810.54384
HQ1	222.00025	199.51324	213.21051	239.14861	212.82219	235.70935	198.22963
HQ2	729.51791	798.49836	771.20289	731.54212	753.38984	770.26917	793.21775
HQ3	938.51671	990.27508	972.62472	951.95344	959.87234	971.71448	996.62216
HS1	539.84066	523.98850	545.01526	517.71662	528.46900	548.43357	520.31186
HS2	1037.91566	977.64675	1042.71355	1012.57658	1048.54667	1022.43524	1017.03406
HS3	878.13340	800.80575	869.00326	868.42234	901.63594	879.99414	870.42386

（续）

Code	npp2082	npp2083	npp2084	npp2085	npp2086	npp2087	npp2088
RY1	2500.23336	2499.94657	2484.50848	2499.94657	2508.47929	2516.86641	2537.74411
RY2	2617.83849	2613.51682	2616.06030	2624.01506	2613.04460	2606.19808	2623.89451
RY3	1190.25471	1127.94983	1193.36676	1223.17540	1286.24822	1401.17693	1192.33000
RM1	2188.94109	2128.14216	2189.87116	2111.98853	2159.09093	2213.68215	2161.49960
RM2	1800.57044	1841.81905	1889.32180	1840.48940	1900.73224	1862.88727	1789.51002
RM3	1977.97608	1976.80274	1964.99505	1939.75349	1940.96931	1959.04020	1946.42327
RS1	1098.72642	995.68170	995.68170	1031.01255	1065.72061	1032.14183	1064.61060
RS2	695.84935	698.49159	615.15558	697.17085	530.21934	528.80203	615.15558
RS3	204.39741	481.57172	391.87789	343.55507	346.60131	390.38119	480.12649
RJ1	1913.89634	1914.51925	1896.30884	1933.04148	1895.67548	1875.21475	1877.79293
RJ2	1951.84915	1874.56928	2006.87615	1970.32528	1855.68866	2056.85245	1970.32528
RJ3	1972.68545	2006.87615	2075.07091	2005.73600	2038.82672	2056.85245	1934.87623
WJ1	1601.71450	1598.64111	1603.96990	1583.22217	1595.62733	1610.24681	1610.29208
WJ2	1864.75329	1843.45294	1840.89193	1821.40258	1846.87110	1844.04657	1819.39238
WJ3	1191.29265	1342.33394	1342.33394	1344.23484	1253.49445	1226.23084	1285.26476
WH1	1480.64987	1508.92845	1429.35997	1452.61392	1475.66097	1425.75155	1399.34140
WH2	1479.89026	1341.38267	1373.42162	1312.58934	1392.90044	1284.28074	1284.28074
WH3	1421.69634	1400.68707	1363.81815	1445.64466	1348.41046	1409.01523	1434.86705
WC1	1159.89378	1059.05101	1026.48896	1189.21617	1155.66629	1091.07579	1062.38868
WC2	1224.19446	1125.80062	1097.63535	1189.21617	1156.72407	1056.82270	1095.45134
WC3	1129.02351	951.50690	1028.75206	1093.26482	1021.95498	1023.08945	993.38065
WS1	390.38119	390.38119	343.55507	609.67660	297.43961	433.43873	480.12649
WS2	103.17059	154.23405	202.79312	152.60098	247.36705	152.60098	252.10050
WS3	346.60131	393.37373	393.37373	298.98961	253.67651	348.12311	252.10050
WD1	955.02951	918.33524	996.83124	958.54605	840.48323	955.02951	996.83124
WD2	1023.08945	1026.48896	1097.63535	1061.27676	987.61644	1025.35644	1063.49996
WD3	841.72178	768.69827	694.52708	810.54384	802.99436	768.69827	773.81275
HQ1	234.82540	232.13157	222.82704	224.03974	216.16545	208.37170	218.14303
HQ2	737.21333	748.25468	764.33061	790.97981	746.46631	769.31510	806.90998
HQ3	958.37999	946.14423	981.72147	996.28876	948.51070	978.19974	985.54579
HS1	526.39361	522.28775	532.11537	536.12613	517.35224	525.17992	508.20465
HS2	993.33260	1009.20669	1013.26000	1016.46055	985.24262	1011.87183	988.76153
HS3	838.16107	851.51791	869.03118	869.41321	836.65397	844.75989	831.36362

（续）

Code	npp2089	npp2090	npp2091	npp2092	npp2093	npp2094	npp2095
RY1	2491.55749	2517.14350	2509.60593	2528.36850	2541.96781	2593.72226	2557.97329
RY2	2614.54377	2612.16979	2618.67068	2616.88545	2622.24338	2611.22526	2617.41089
RY3	1254.49613	1160.94914	1126.87554	1255.49723	1192.33000	1225.21294	1061.27676
RM1	2240.72377	2064.39723	2186.61125	2132.13444	2129.64141	2111.98853	2202.78069
RM2	1754.99902	1843.81067	1734.83847	1868.74336	1819.68354	1838.49207	1937.92714
RM3	1940.36157	1991.95159	1905.76584	1851.08401	1992.52974	1957.84513	1942.18373
RS1	1100.90667	995.68170	925.48838	995.68170	1166.21686	994.53151	925.48838
RS2	573.75506	655.84966	697.17085	440.79031	572.36274	776.36559	654.50444
RS3	345.07862	436.38189	346.60131	300.53873	345.07862	436.38189	436.38189
RJ1	1952.45029	1934.87623	1933.65341	1895.67548	1895.04175	1915.14181	1855.68866
RJ2	1875.21475	1896.94184	1953.65155	1877.79293	1854.37493	1816.29296	1951.24765
RJ3	1953.05110	1988.47573	2137.59400	1972.68545	1987.89526	1989.05587	2137.59400
WJ1	1597.53559	1573.49825	1558.14131	1575.91805	1541.20348	1571.27131	1579.10200
WJ2	1845.98481	1830.68732	1827.80837	1841.00111	1806.58785	1837.77561	1830.69581
WJ3	1343.28466	1342.33394	1313.55712	1193.36676	1251.48938	1282.31101	1374.35451
WH1	1398.42285	1478.14510	1479.01793	1481.63342	1469.15418	1423.03980	1425.75155
WH2	1340.43086	1367.81300	1398.42285	1427.55679	1341.38267	1341.38267	1368.74911
WH3	1455.20356	1453.82324	1436.71025	1340.51555	1471.08300	1372.12580	1419.92255
WC1	1092.17062	1189.21617	1158.83782	1061.27676	919.52915	1062.38868	992.22913
WC2	1159.89378	1091.07579	1096.54366	1062.38868	1125.80062	1129.02351	1157.78125
WC3	1091.07579	1025.35644	1026.48896	1029.88263	1026.48896	1095.45134	1057.93717
WS1	297.43961	393.37373	608.30488	436.38189	440.79031	391.87789	342.03064
WS2	204.39741	154.23405	342.03064	152.60098	154.23405	300.53873	297.43961
WS3	348.12311	252.10050	480.12649	393.37373	252.10050	439.32168	348.12311
WD1	1092.17062	951.50690	841.72178	993.38065	1027.62083	1026.48896	1123.64895
WD2	1059.05101	1092.17062	986.46161	1126.87554	1223.17540	1157.78125	1221.13551
WD3	880.98255	880.98255	804.25441	769.97799	846.66888	806.77235	987.61644
HQ1	213.81797	224.81164	215.79647	224.46443	253.19629	205.12804	208.80337
HQ2	774.61004	773.72966	762.03440	788.25690	758.24155	822.75790	750.84680
HQ3	974.21399	975.40977	962.85529	1007.81648	949.66577	993.70504	978.73798
HS1	525.39494	525.88660	534.38247	522.70366	541.09402	507.67141	547.02859
HS2	1001.69814	1018.05828	1044.37132	1021.47622	1068.55446	981.77413	979.37214
HS3	857.65163	869.58515	893.52474	861.34646	919.80020	827.89813	822.75435

（续）

Code	npp2096	npp2097	npp2098	npp2099	n1980_1999	n2000_2019	n2020_2039
RY1	2536.94784	2532.94588	2516.86641	2549.52513	2427.49518	2454.34777	2470.49578
RY2	2617.02383	2618.71900	2622.18090	2617.96903	2555.36726	2581.46881	2594.15993
RY3	1285.26476	1159.89378	1224.19446	1191.29265	1213.31132	1194.30940	1181.87752
RM1	2132.63219	2185.67743	2098.12634	2130.63948	2120.60706	2111.37321	2117.52420
RM2	1870.04061	1840.48940	1920.72878	1861.58181	1854.40779	1823.24225	1823.50320
RM3	1927.51824	1942.79042	1960.23391	1939.14505	1899.43865	1926.73775	1913.70939
RS1	1064.61060	1065.72061	1031.01255	1029.88263	1028.01684	995.78870	1018.71817
RS2	531.63584	573.75506	657.19410	572.36274	434.10123	568.75380	593.99233
RS3	154.23405	300.53873	391.87789	298.98961	342.10688	311.54048	313.13093
RJ1	1896.30884	1971.50604	1896.30884	1952.45029	1862.62630	1895.62180	1908.21136
RJ2	1953.05110	1815.61368	2004.59453	1970.32528	1896.34050	1883.18285	1893.10663
RJ3	2165.81784	1969.73439	2026.05999	2008.01500	1961.30707	1979.18359	2014.73594
WJ1	1578.61248	1577.90754	1562.02815	1576.48688	1418.17656	1490.92605	1535.01443
WJ2	1838.23648	1840.34426	1819.26628	1826.36666	1709.30807	1765.50924	1800.88754
WJ3	1510.96319	1157.78125	1129.02351	1313.55712	1226.17996	1236.22504	1235.56813
WH1	1510.10869	1478.14510	1504.78555	1476.67013	1382.20988	1472.58901	1480.55707
WH2	1457.04621	1340.43086	1423.03980	1427.55679	1417.23910	1392.72627	1405.20769
WH3	1373.54088	1392.19102	1405.73891	1438.08497	1258.18899	1320.83324	1350.57949
WC1	1130.09658	1157.78125	1025.35644	1093.26482	1048.83556	1094.18984	1097.58078
WC2	1226.23084	1189.21617	1093.26482	1192.33000	1102.48579	1097.66668	1125.58557
WC3	993.38065	955.02951	1025.35644	1094.35839	1017.75177	1014.36991	1029.82611
WS1	390.38119	300.53873	345.07862	434.91073	330.72264	356.92047	369.48792
WS2	393.37373	202.79312	295.88872	298.98961	137.94319	145.75988	175.05485
WS3	298.98961	250.52359	348.12311	346.60131	245.78743	292.82309	292.86191
WD1	767.41781	918.33524	991.07695	883.41250	980.90920	956.15568	969.46721
WD2	992.22913	956.20236	1095.45134	1125.80062	1111.44549	1065.81668	1069.93283
WD3	728.66054	727.35711	845.43317	882.19788	838.93404	813.46344	831.17141
HQ1	227.69027	233.29744	226.28882	223.81929	150.80795	175.62173	188.36607
HQ2	742.94670	750.17177	724.98421	738.60445	582.56412	666.51487	698.09259
HQ3	980.48321	975.98562	934.82160	964.57325	789.50095	885.85756	916.89440
HS1	530.84920	530.34609	522.90607	514.84026	419.65271	460.04465	488.83538
HS2	1013.10429	1015.97356	1031.86147	1017.63653	842.37292	921.25731	954.69789
HS3	875.03166	863.62075	888.38027	855.82562	711.52318	784.43718	811.77531

（续）

Code	n2040_2059	n2060_2079	n2080_2099
RY1	2505.65135	2512.70487	2520.42873
RY2	2606.11950	2616.48600	2617.36322
RY3	1187.81319	1183.02451	1209.87421
RM1	2117.70138	2121.06100	2157.08647
RM2	1832.91467	1846.82476	1839.35800
RM3	1953.95165	1963.89598	1949.56164
RS1	998.89875	1018.09291	1027.62083
RS2	646.95696	642.22745	617.07026
RS3	343.55507	325.05062	354.88458
RJ1	1931.14225	1924.22145	1909.30693
RJ2	1907.27142	1928.50224	1924.25231
RJ3	2019.36004	2030.71436	2018.03706
WJ1	1564.32671	1583.81206	1580.84454
WJ2	1826.85467	1838.60411	1833.14375
WJ3	1237.64202	1277.77204	1288.85164
WH1	1482.63484	1492.31000	1482.54778
WH2	1385.50759	1397.22794	1377.24308
WH3	1378.83369	1411.94732	1411.48928
WC1	1079.43192	1107.64959	1085.09793
WC2	1109.27734	1148.56346	1140.31338
WC3	1045.47454	1048.77959	1039.74752
WS1	397.33356	397.40821	417.93160
WS2	197.49244	155.53984	229.30547
WS3	313.28507	311.12630	337.45210
WD1	950.62530	963.98476	969.75842
WD2	1050.17835	1063.77768	1083.22945
WD3	815.24908	808.65890	817.00312
HQ1	208.70652	223.21151	222.07047
HQ2	721.70955	752.08743	765.45363
HQ3	936.21285	962.35896	972.97829
HS1	516.47195	536.17539	526.88860
HS2	997.88023	1029.46059	1012.47041
HS3	850.55524	875.69340	861.14699

5.3 中国各省（区、市）随机测试点的碳汇趋势举例

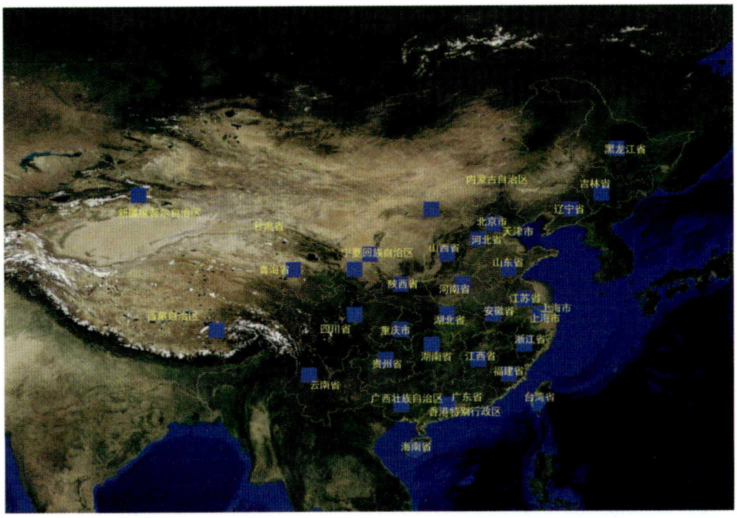

全球陆地碳汇分析系统各气候带和气候区随机测试点的分布图

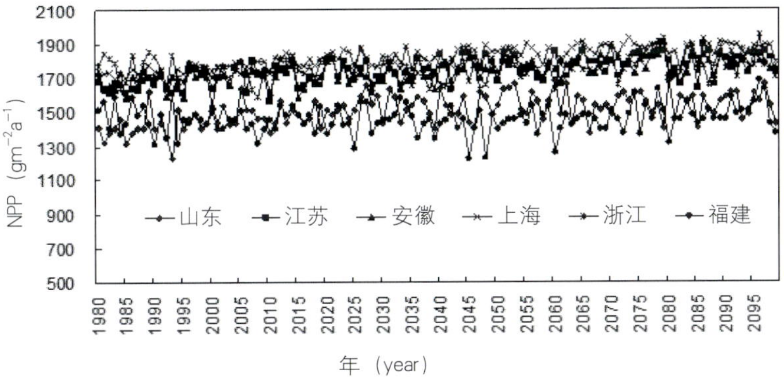

华东地区测试点的碳汇趋势（1980～2099）

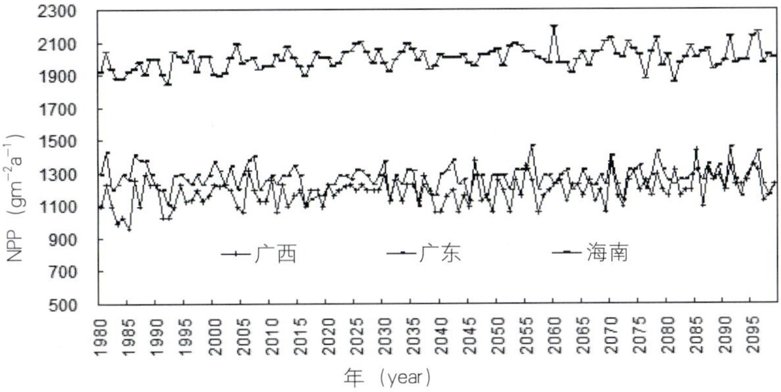

华南地区测试点的碳汇趋势（1980～2099）

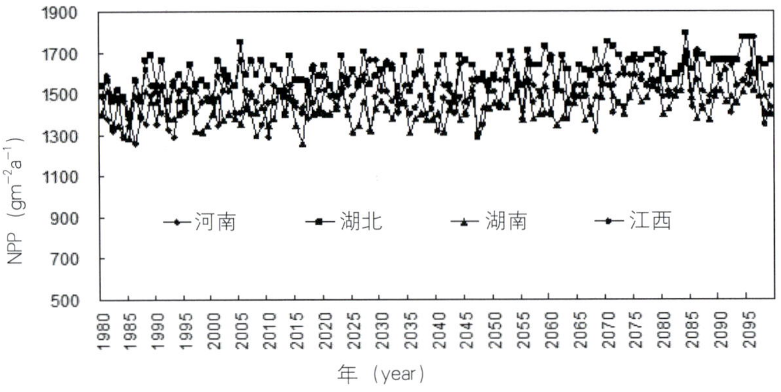

华中地区测试点的碳汇趋势（1980～2099）

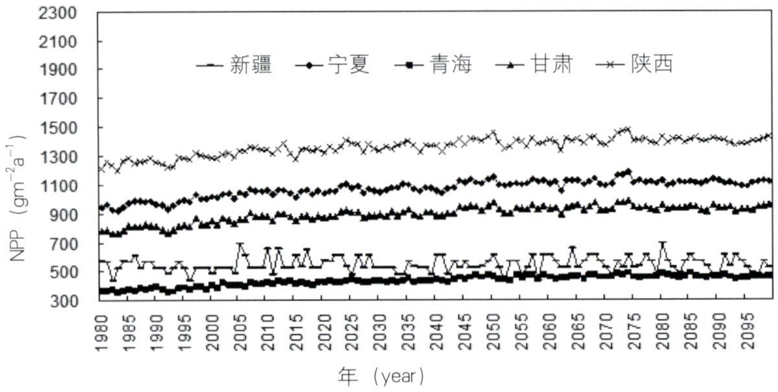

西北地区测试点的碳汇趋势（1980～2099）

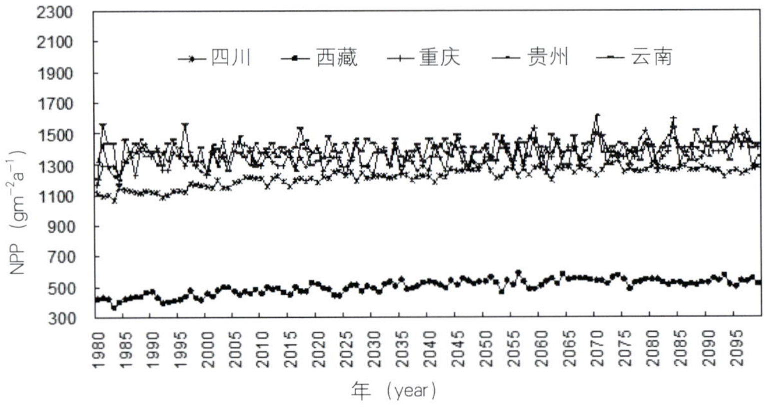

西南地区测试点的碳汇趋势（1980～2099）

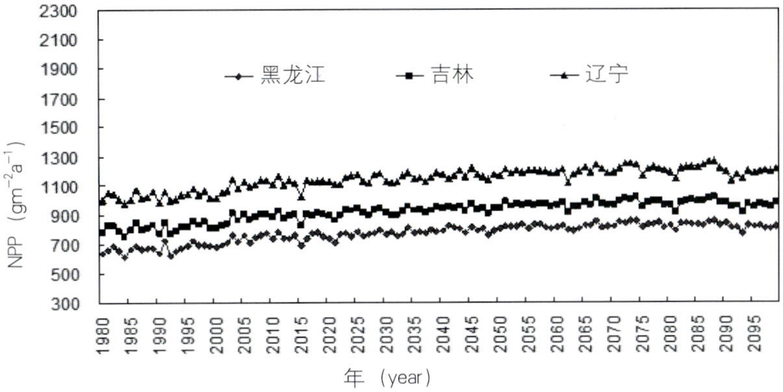

东北地区测试点的碳汇趋势（1980～2099）

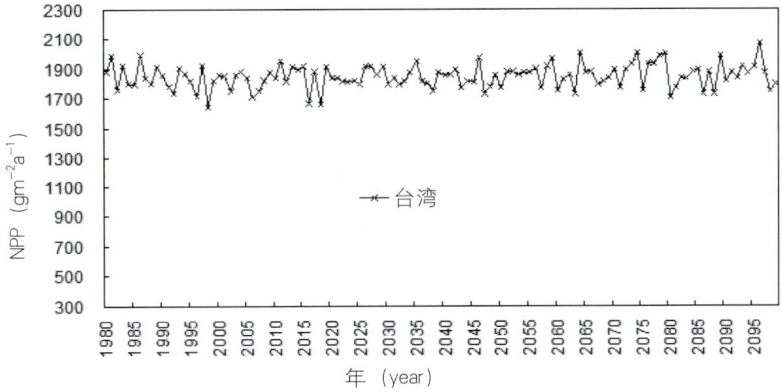

中国台湾省测试点的碳汇趋势（1980～2099）

参考文献

1. Ajtay GL, Ketner P, Duvigneaud P. 1979. Terrestrial primary production and phytomass. In: Bolin, B., Degens, E.T., Kempe, S., Ketner, P. (Eds.), The Global Carbon Cycle, John Wiley and Sons, Chichester, 129–182.
2. Alexandrov GA, Oikawa T., Esser G. 1999. Estimating terrestrial NPP: what the data say and how they may be interpreted? Ecol. Model. ,117, 361–369.
3. Begue A. 1993. Leaf area indes, intercepted photosysnthetically active radiation,asnd spectral vegetation indices: Sensitivity analysis for regularly shaped canopies[J]. Remote Sensing Environment ,46, 45-49.
4. Cramer W, Kicklighter DW, Bondeau A, et al. 1999. Comparing global models of terrestrial net primary productivity (NPP): overview and key results [J] . Global Change Biol. 5, 1–15.
5. Field CB, Behrenfeld MJ, Randerson JT, et al. 1998. Primary production of the biosphere: Integrating terrestrialand oceanic components [J] . Science ,281, 237-240.
6. Geotz SJ, Prince SD, Goward SN, et al. 1999. Satellite remote sensing of primary production: An improved production efficiency modeling approach [J] . Ecological Modeling ,122, 239-255.
7. IGBP. 1998. The terrestrial carbon cycle: Implications for Kyoto protocol [J] . Science 280, 1393-1394.
8. Imhoff, M. L., Bounoua, L., Ricketts, T., Loucks, C.,Harriss R., Lawrence W. T. 2004. Global patterns in human consumption of net primary production [J] . Nature ,429, 870-873.
9. IPCC. Climate change 2007: The physical science basis. Contribution of working group I to the fourth assessment. Report of the Intergovernmental Panel on Climate Change [M]. In: Solomon S, Qin D, Manning M, et al. eds. Cambridge, United Kingdom and New York, N Y, USA: Cambridge University Press. 2007.
10. Kaduk J., Heimann M. 1996. A prognostic phenology scheme for global terrestrial carbon cycle models [J] . Climate Research ,6, 1-19.
11. Kergoat L. 1999. A model for hydrologic equilibrium of leaf area index on a global scale [J] . Journal of Hydrology. 212-213, 267-286.
12. Knorr W., Heimann M. 1995. Impact of drought stress and other factors on seasonal land biosphere CO2 exchange studied through an atmospheric tracer transport model [J] . Tellus ,47B, 471-789.
13. Lieth H. 1972. Modelling the primary productivity of the earth. Nature and resources, UNESCO, VIII, 2:5-10.

14. Leith H., Wittaker RH. 1975. Modeling the primary productivity of the world [M] . Primary Productivity of the Bioshpere. New York: Springer Verlag, 237-263.
15. Liu J, Chen JM, Chen W. 1999. Net primary productivity distribution in the BOREAS region from a process model using satellite and surface data [J] . J. Geophys. Res., 104 (D22): 27735-27754.
16. McGuire AD, Melillo JM, Kicklighter DW, et al. 1995. Equilibrium responses of soil carbon to climate change-Empirical and process-based estimates [J] . Journal of Biogeography 22, 785-796.
17. McGuire AD, Melillo JM, Kicklighter DW, et al. 1997. Equilibrium responses of global net primary productivity and carbon storage to doubled atmospheric carbon dioxide [J] . Global Biogeochemistry Cycle ,11, 173-189.
18. Monteith JL. 1972. Solar radiation and productivity in tropical ecosystems Journal of Applied Ecology, 9, 747-766.
19. Parton WJ, Scurlock JMO, Ojima DS, et al. 1993. Observations and modeling of biomass and soil organic matter dynamics for the grassland biome worldwide [J] . Global Biogeochemistry Cycle ,7, 785-890.
20. Potter CS, Randerson JT, Field CB, et al. 1993. Terrestrial ecosystem production : A process model based on global satellite and surface data [J] . Blobal Biogeochemistry Cycle ,7, 811-841.
21. Prince SD, Goward SN. 1995. Global primary production: A remote sensing approach [J] . Journal of Biogeography ,22, 815-835.
22. Running SW, Hunt ER. 1993. Generalization of a forest ecosystem process model for other biomes, BIOME-BGC, and an application for global-scale models [M] . In: Ehleringer JR, eds. Scaling physiological Processes: Leaf to Globe. San Diego, CA: Academic Press, 141-158.
23. Sellers PJ. 1987. Canopy reflectance, photosysnthesis, and transpiration II. The role of biophysics in the linearity of their interdependence [J] . Remote Sensing Environment, 21, 143-183.
24. Uchijima Z, Seino H. 1985. Agroclimatic evaluation of net primary productivity of natural vegetation I. Chikugo model for evaluating productivity. [J] Journal of Agricultural Meteorology, 40, 343-353.
25. Warnant P., Francois L., Strivay D., et al. 1994. CARAIB : A global model of terrestrial biological productiviry[J]. Global Biogeochemistry Cycle 8, 255-270.
26. ESRI. 2008. 系统设计策略 ESRI 技术白皮书 .
27. ESRI. 2008. 地理空间信息与面向服务构架 (SOA) .ESRI 技术白皮书 .
28. ESRI. 2009.ArcGIS Server 9.3 REST 基础教程 .ESRI 技术白皮书 .
29. 陈斌，王绍强，刘荣高，等 . 2007. 中国陆地生态系统模拟及空间格局分析 [J]. 资源科学，29：45-53.
30. 陈利军，刘高焕，励惠国 . 2002. 中国陆地植被净第一性生产力遥感动态监测 [J]. 遥感学报，6：129-135.
31. 陈世荣，王世新，周艺 . 2008. 基于遥感的中国草地生产力初步计算 [J]. 农业工程学报，24：208-212.
32. 冯险峰 . 2004. 基于过程的中国陆地生态系统生产力和蒸散遥感研究 [D]. 北京：中国科学院

地理科学与资源研究所 .
33. 葛荣 , 高心丹 . 2008. 基于 WEBGIS 的塔河林业局森林资源管理系统的设计 [D]. 中国林业经济 (2) : 54-56.
34. 郭志华 , 彭少麟 , 王伯荪 , 等 . 1999. GIS 和 RS 支持下广东省植被吸收 PAR 的估算及其时空分布 [D]. 生态学报, 19, 441-447.
35. 国志兴 , 王宗明 , 张柏 , 等 . 2008. 2000~2006 年东北地区植被 NPP 的时空特征及影响因素分析 [D]. 资源科学 , 30, 1227-1235.
36. 焦彩霞 , 郑光辉 , 孙东敏 . 2008. 陕西省植被净第一性生产力时空变化研究 [J]. 安徽农业科学, 36 : 9684-9685, 9709.
37. 林文鹏 , 王呈立 , 赵敏 , 等 . 2008. 基于森林清查和遥感的城市森林净初级生产力估算 [J]. 生态环境, 17 : 766-770.
38. 刘世荣 , 郭泉水 , 王兵 . 1998. 中国森林生产力及其对全球气候变化的响应 [J]. 生态学报, 18 : 478-483.
39. 朴世龙 , 方精云 , 郭庆华 . 2001. 利用 CASA 模型估算我国植被净第一性生产力 [J]. 植物生态学报, 25 : 603- 608.
40. 孙成明 , 袁登荣 , 王余龙 . 2004, 地理信息系统的农业应用与进展 [J]. 上海农业学报 , 20(3): 99-101.
41. 徐燕千 . 1990. 广东森林 [M] . 北京 : 中国林业出版社 .
42. 闫淑君 , 洪伟 , 吴承祯 , 等 . 2001. 自然植被净第一性生产力模型的改进 [J]. 江西农业大学学报, 23:248-252.
43. 熊丽 . 2006. 信息技术在森林资源管理中的应用 [J]. 农机化研究 . (4): 207-208.
44. 于贵瑞 . 2003. 全球变化与陆地生态系统碳循环和碳蓄积 [M]. 北京 : 气象出版社 .
45. 王胜兰 . 2008. 基于 5 种气候生产力模型的乌鲁木齐地区 NPP 计算分析 [J]. 沙漠与绿洲气象, 2:40-44.
46. 张宪洲 . 1993. 我国自然植被净第一性生产力的估算与分布 [J]. 自然资源, 1:15-21.
47. 张晓晖 , 唐小明 , 赵廷宁 , 杨建英 . 2005. 应用 ViewGIS 建立省级森林资源管理信息系统的实践 [J]. 湖南林业科技 , (3) :39-42.
48. 周广胜 , 张新时 . 1995. 自然植被净第一性生产力模型初探 [J]. 植物生态学报, 19:193-200.
49. 朱文泉 , 陈云浩 , 徐丹 , 等 . 2005. 陆地植被净初级生产力计算模型研究进展 [J]. 生态学杂志, 24:296-300.